高等职业教育电气类“十三五”系列教材

电路与磁路基础

主编　谢雅佶　沙莎

中国水利水电出版社
www.waterpub.com.cn
·北京·

内 容 提 要

本书是依据高职高专院校培养应用型技能人才的要求组织编写，理论基础适用够用，更注重培养学生的思维能力与应用能力，突出职业教育的特点。

本书主要内容为：电路的基本元件、基本定律及安全用电；直流电阻电路的分析；单相正弦交流电路；三相交流电路以及磁路分析。同时也对安全用电及常用的电工工具进行了介绍，安排了部分实训，通过实训来检验学生掌握的理论知识与工具的使用，提升学生的实训技能。

本书可作为高职高专电类相关专业的教材，亦可作为自学者考取电工类职业技能证书与专升本的参考书。

图书在版编目（CIP）数据

电路与磁路基础 / 谢雅佶，沙莎主编. -- 北京 : 中国水利水电出版社，2019.8
高等职业教育电气类“十三五”系列教材
ISBN 978-7-5170-7897-5

Ⅰ. ①电… Ⅱ. ①谢… ②沙… Ⅲ. ①电路－高等职业教育－教材②磁路－高等职业教育－教材 Ⅳ. ①TM13 ②TM14

中国版本图书馆CIP数据核字(2019)第173091号

书　　名	高等职业教育电气类“十三五”系列教材 **电路与磁路基础** DIANLU YU CILU JICHU
作　　者	主编　谢雅佶　沙莎
出版发行	中国水利水电出版社 （北京市海淀区玉渊潭南路1号D座　100038） 网址：www.waterpub.com.cn E-mail：sales@waterpub.com.cn 电话：（010）68367658（营销中心）
经　　售	北京科水图书销售中心（零售） 电话：（010）88383994、63202643、68545874 全国各地新华书店和相关出版物销售网点
排　　版	中国水利水电出版社微机排版中心
印　　刷	清淞永业（天津）印刷有限公司
规　　格	184mm×260mm　16开本　9.5印张　231千字
版　　次	2019年8月第1版　2019年8月第1次印刷
印　　数	0001—3000册
定　　价	**29.00**元

随着职业教育改革的深入，作为“三教”改革之一的教材也越来越受到各职业院校的重视。而随着《国家职业教育改革实施方案》的实施，贵州水利水电职业技术学院已开始启动1+X证书制度，要求学生在校期间获取相关职业技能证书。电类相关专业学生在校期间可通过职业技能鉴定获得电工类技能证书。

电路与磁路基础是高职高专电力类、电气类、机电类、电子类、物联网类等电类相关专业的一门重要的专业基础课程，其任务是既能满足学生掌握电路与磁路的基本理论知识，为后续专业核心课程奠定重要基础；同时也能培养学生的职业能力，将职业技能证书中要求的知识融入到平时的教学中。

本书主要分为电路部分与磁路部分，共5章，每章后均有课后习题，重点考查学生对于本章内容的掌握程度，由简到难。同时本书中也对安全用电及常用的电工工具进行了介绍，安排了部分实训，通过实训来检验学生掌握的理论知识与工具的使用，提升学生的实训技能。

本书建议安排教学学时72～96学时，也可按照各专业实际自主调整。

本书由贵州水利水电职业技术学院谢雅佶、沙莎主编。教材编写过程中，得到了电力工程系各位领导与老师的大力支持与帮助；同时参考了许多相关书籍，在此一并表示由衷感谢。同时由于时间仓促，编者水平有限，书中难免疏漏及不妥之处，敬请读者批评指正。

编者

2019年6月

目录

第1章　电路的基本元件、基本定律及安全用电

学习目标：

（1）了解电路的基本知识，包括其定义、组成部分及作用。

（2）了解电路元件、电路模型的建立，以及电路的基本物理量。

（3）掌握电路中的基本元件，掌握电路中的两种电源。

（4）掌握基尔霍夫定律（节点电流定律和回路电压定律）。

（5）理解安全用电的基本知识，掌握触电处理知识及预防措施。

1.1　电路与电路模型

1.1.1　电路

1.1.1.1　电路的基本知识

若干个电气设备或器件按照一定方式组成的导电回路，称为电路。

在实际生活中，电视机、音响设备、通信系统、计算机和电力网络中的各种电气设备里可以看到各种各样的电路，这些电路的特性和作用各不相同，但它们都是物理实体，称为实际电路。实际电路是由一些电气器件或设备按一定方式连接起来的，以完成能量的传输、转换或信息的处理、传递。能量传输、转换的典型实例是电力系统。发电机将其他形式的能源转换为电能，再通过变压器和输电线路将电能输送给工厂、农村和千家万户的用电设备，这些用电设备再将电能转换为机械能、热能、光能或其他形式的能量。

手电筒是最常见的电器设备，它由电池、灯泡、导线、开关组成，图1.1为常见手电筒，其实际接线如图1.2所示。

图1.1　手电筒实物图

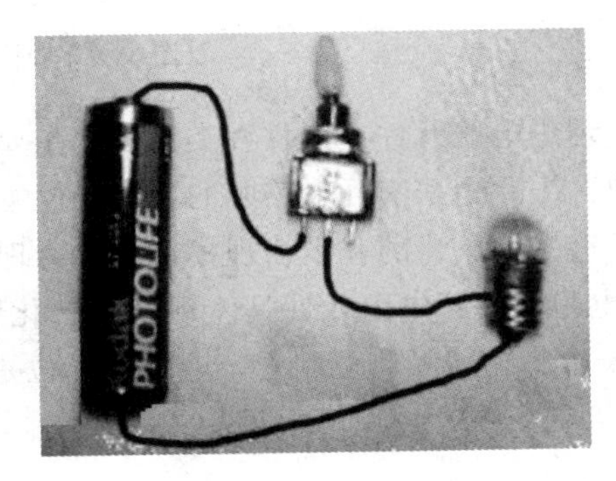

图1.2　手电筒实际电气元件及接线图

电路的形式多种多样，有的简单，有的复杂。不管电路图结构和复杂程度如何，它都是由三部分组成的，即电源、负载、中间环节。其中，负载包括电阻、电容、电感性负

载，中间环节包括控制和保护设备、连接导线等。

（1）电源：电源是将其他形式的能量转化为电能的元件，它是电路中电能的提供者。如干电池、蓄电池、发电机等。

（2）负载：负载是把电能转化为其他形式能量的元件，它是电路中电能的使用者和消耗者。直流电路中，负载主要以电阻形式表现，如白炽灯、电炉、电动机等。

（3）中间环节：主要是由控制和保护元件、连接导线组成。电路中开关 S 属于控制元件，熔断器 FU 是保护元件。开关 S 用来接通和断开回路。保护元件用来保护回路，如在回路发生短路时，熔断器 FU 熔芯熔断，可切断回路，保护回路中元器件不因回路电流过大而被损坏。由于开关 S、熔断器 FU 在回路中电阻很小，对电流流动影响甚微，其作用相当于连接导线。连接导线能够将电源、负载等器件连接成回路。导线是电流流动的通路，没有连接导线，不能够形成电路。

1.1.1.2　电路元件

（1）实际元器件：某些元器件中除了基本特性外，由于制造等因素，还具有其他元器件的特性。例如，电感由金属导线绕制而成，主要特性为电感，同时还具有电阻特性，但电感的电阻特性在多数情况下可以忽略。图 1.3 为常见的实际元器件。

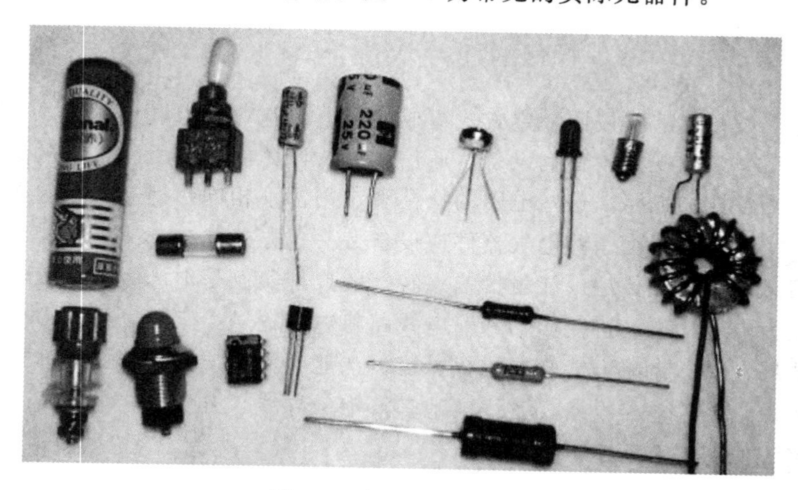

图 1.3　常见实际元器件

（2）理想电路元件：元件种类很多，主要特性表现为电阻、电感、电容或电源。在电路理论中，需要根据实际电路中的各个元件主要的物理性质进行科学的抽象归类，建立物理模型，这些抽象化的基本物理模型就称为理想电路元件，简称电路元件。

1）电阻元件：电阻元件是体现电能转化为其他形式能量的二端元件，简称电阻，用字母 R 表示。在国际单位制中，电阻的单位是欧姆，符号为“Ω”。电阻元件符号如图 1.4 所示。

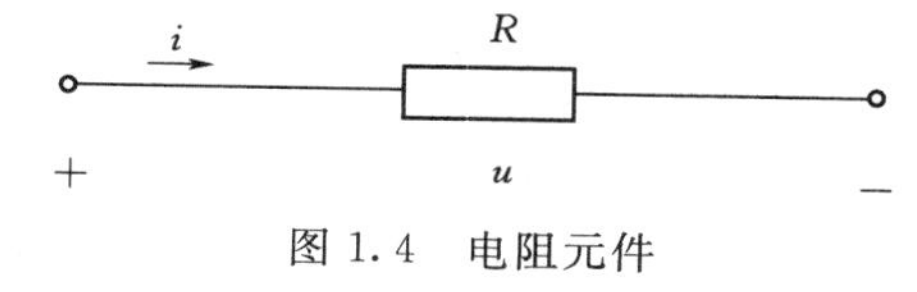

图 1.4　电阻元件

2）电容元件：电容元件是体现电场储能的二端元件，简称电容，用字母 C 表示。电容符号如图 1.5 所示，在国际单位制中，电容的单位是法拉，符号为“F”。

3）电感元件：电感元件是体现磁场储能的二端元件，简称电感，用字母 L 表示，符号如图 1.6 所示。在国际单位制中，电感的单位是亨利，符号为“H”。

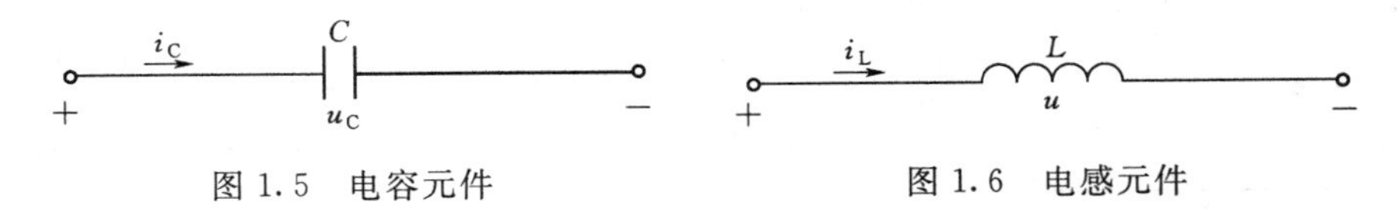

图 1.5 电容元件　　图 1.6 电感元件

4）独立电源元件：实际电路中一般均有电源。电源可以是各种电池、发电机、电子电源，也可以是微小的电信号。在电路分析中，根据电源的不同特性，可建立两种不同表征电源元件的电路模型：理想电压源和理想电流源。电压源基本模型见图 1.7。

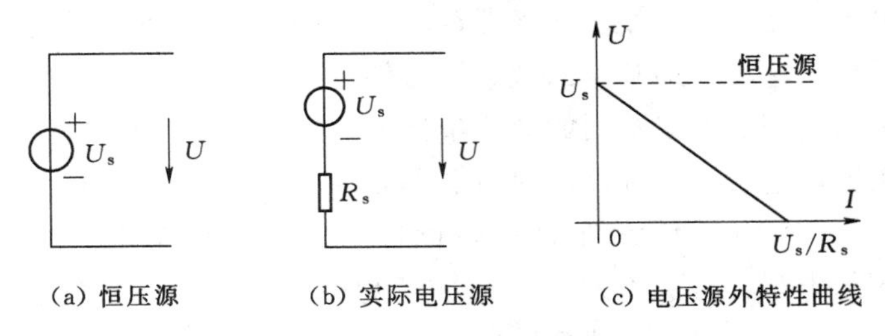

图 1.7 电压源基本模型

1.1.2 电路模型

如图 1.2 所示手电筒实际接线图在分析电路元器件的接法和原理时很有用，但要用它对电路进行定量分析和计算则非常困难。为了便于分析研究实际电气装置，常采用模型化的方法，如图 1.8 所示，即用理想元件及其组合近似地代替实际的元器件，从而构成了与实际电路相对应的电路模型。

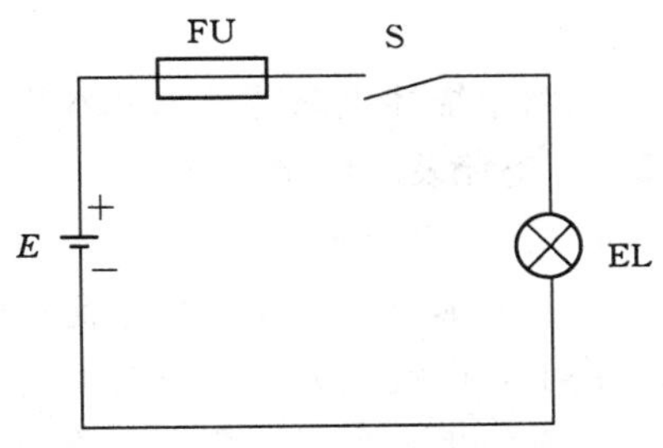

图 1.8 手电筒电路图

将实际电路抽象为电路模型，需要将实际电路中的每一个实际电路元器件的主要电磁性质进行科学的抽象和概括。此处科学抽象的办法是：定义一些理想化的电路元件来近似地模拟电气元器件的电磁特性。例如无论是照明用的灯泡、加热用的电炉，还是将电能转换为机械能的电动机等电路元器件，其消耗电能这一电磁特性在电路模型中均可用理想电阻元器件 R 来表示；定义电容元件是一种只储存电场能量的理想元件；电感元件是一种只储存磁场能量的理想元器件。用电阻、电容、电感等理想电路元器件来近似模拟实际电路中每个电气元器件和设备，再根据这些元器件的连接方式，用理想导线将这些电路元件连接起来，就得到该实际电路的电路模型。图 1.9 为手电筒实际电路与电路模型的转换。

关于实际部件的模型概念需要强调几点：

(1) 理想电路元件是具有某种确定电磁性能的元件，是一种理想的模型，实际中并不存在，但在电路理论分析与研究中充当重要角色。

(2) 不同的实际电路元件，只要具有相同的主要电磁性能，在一定条件下可用同一模

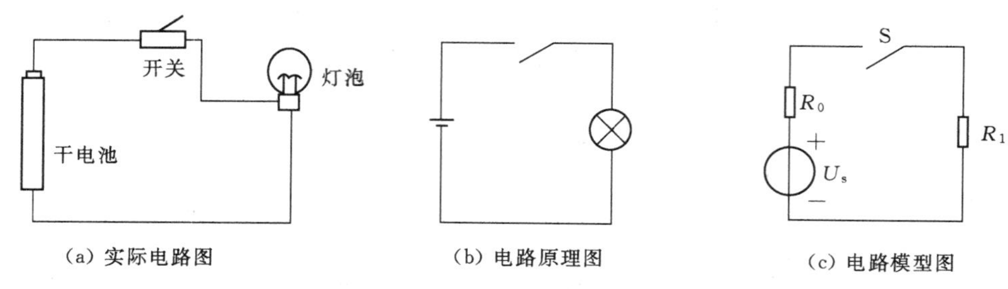

图 1.9　实际电路和电路模型

型表示。如只表示消耗电能的理想电阻元器件 R（电灯、电炉、电烙铁等），只表示存储磁场能量的理想电感元器件 L（各种电感线圈），只表示存储电场能量的理想电容元器件 C（各种类型的电容器）。这三种最基本的理想元器件可以代表种类繁多的负载。

（3）同一个实际电路部件在不同的应用条件下，它的模型可以有不同的形式。如实际电感元器件应用在低频电路时，可以用理想电感元件 L 代替；应用在较高频率电路中，可以用理想电感元件 L 与理想电阻元件 R 串联代替；应用在更高频率电路中，则可以用理想电感元件 L 与理想电阻元件 R 串联后，再与理想电容元件 C 并联代替。

将实际电路中各个部件用其模型符号来表示，这样画出来的图称为实际电路的电路模型图，也称为电路原理图。

1.2　电路的基本物理量

电路中描述电路特性的基本物理量有电流、电压、电位、电动势、电功率等。

1.2.1　电流及其参考方向

1.2.1.1　电流的定义

物质内部有正、负两种电荷，电荷的定向移动称为电流。电流分直流和交流两种。直流电路中，电流的大小和方向恒定，不随时间变化，简称直流（写作 DC），用大写字母 I 表示，方向规定为正电荷定向移动的方向。

交流电路中，电流的大小和方向都随时间变化，简称交流（写作 AC），用小写字母 i 表示。交流电将在正弦交流电章节中专门讲解。

1.2.1.2　电流的大小和单位

电源的电动势形成了电压，继而产生了电场力。在电场力的作用下，处于电场内的电荷发生定向移动，形成了电流。电流的大小称为电流强度（简称电流，符号为 I），是指单位时间 t 内通过导线某一截面的电荷量 Q。

（1）电流大小：每秒通过 1 库仑（C）的电量称为 1 安培（A），公式如下：

$$I=Q/t$$

单位时间内通过导体横截面的电荷越多，流过导体的电流越强；反之，电流就越弱。

（2）电流的单位：电流的单位为安培（A），常用单位有千安（kA）、毫安（mA）或者微安（μA）。1A＝1000mA，1mA＝1000μA。

【例 1.1】　5min 内均匀通过某导体横截面的电荷量为 6C，导体中流过的电流是多少？

解：

$$I=\frac{Q}{t}=\frac{6}{5\times 60}=0.02(\text{A})=20\text{mA}$$

（3）电流产生的条件：

1）必须具有能够自由移动的电荷（金属中只有负电荷移动，电解液中为正负离子同时移动）。

2）导体两端存在电压差（要使闭合回路中得到持续电流，必须要有电源）。

3）电路必须为通路。

1.2.1.3 电流的实际方向与参考方向

物理上规定电流的方向，是正电荷定向移动的方向。电荷指的是自由电荷，在金属导体中的电子是自由电子。在电源外部电流方向是正电荷移动的方向，在电源内部由负极流回正极。

在对电路进行分析计算时，很多情况下不能确定电路中电流的实际方向。为了计算方便，常先任意假定一个电流方向，称为参考方向（在未标注参考方向时，电流的正负号是毫无意义的。电路图中所标注的电流方向均指参考方向）或假定正方向（简称正方向），用箭头表示。当然，所选电流的参考方向不一定就是电流的方向。我们规定：当电流的方向与参考方向一致时，电流为正值（$I>0$）；当电流的方向与参考方向相反时，电流为负值（$I<0$）。因此，在选定的参考方向下，根据电流的正、负，就可以确定电流的方向，如图 1.10 所示。

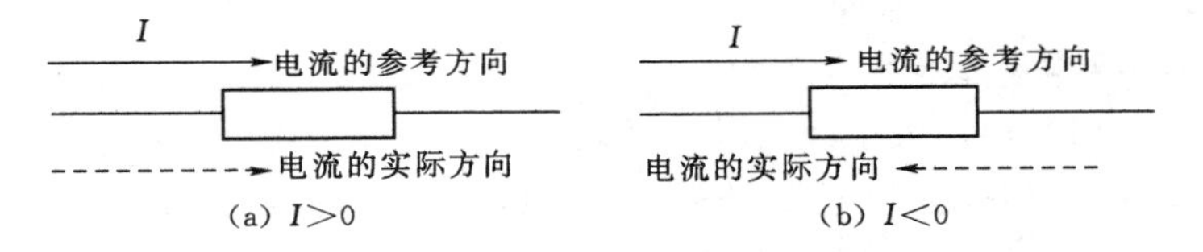

图 1.10 电流的参考方向与实际方向的关系

【例 1.2】 分析如图 1.11 所示中电流的实际方向。

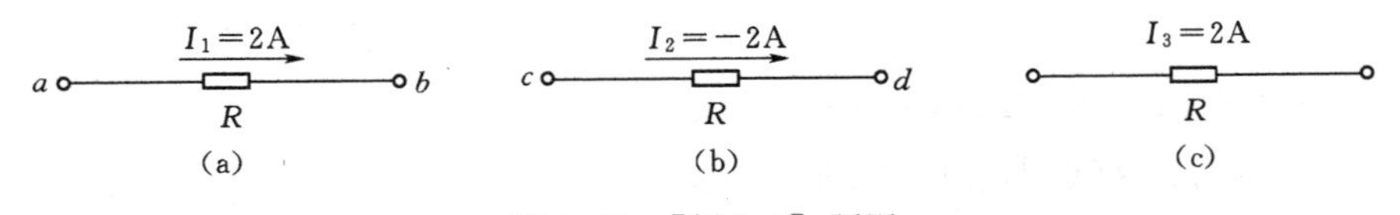

图 1.11 ［例 1.2］题图

解：

图（a）中电流的参考方向由 a 到 b，$I_1=2\text{A}>0$，电流为正值，说明电流的实际方向和参考方向相同，即从 a 流到 b；

图（b）中电流的参考方向由 c 到 d，$I_2=-2\text{A}<0$，电流为负值，说明电流的实际方向和参考方向相反，即从 d 流到 c；

图（c）中因为没有给出电流的参考方向，电流的实际方向不能确定。

1.2.1.4 电流的测量

电流可以用电流表测量。测量的时候，必须把电流表串联在电路中，并使电流从表的正端流入、负端流出。要选择好电流表量程，使其大于实际电流的数值，这样可以防止电流过大而损坏电流表。电流测量电路图如图 1.12 所示。

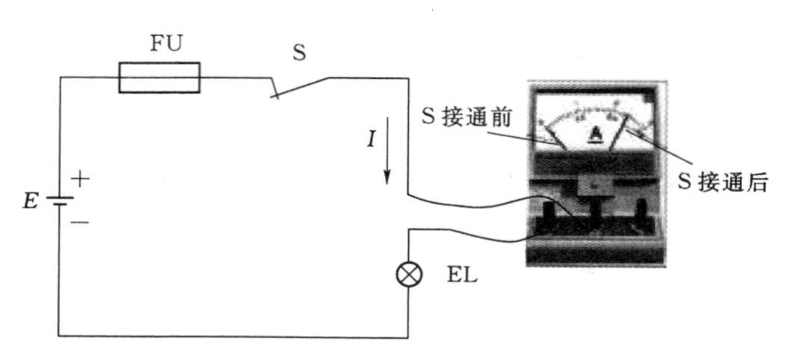

图 1.12　电流测量电路图

1.2.2　电压及其参考方向

在电位差的存在下，电荷能够发生运动。在这里电位差也就是电压，电压是形成电流的原因。

1.2.2.1　电压的基本概念

电压是指电路中两点 A、B 之间的电位差（简称为电压），电压的方向规定为从高电位指向低电位的方向。如果电压的大小及方向都不随时间变化，则称之为直流电压，用大写字母 U 表示。

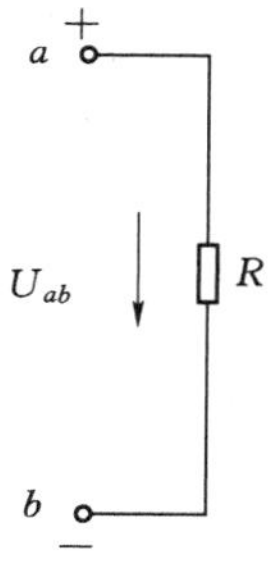

如果电压的大小及方向随时间变化，称交流电压。交流电压的瞬时值用小写字母 u 或 $u(t)$ 表示。

图 1.13　电压的方向

1.2.2.2　电压的大小和单位

（1）电压大小：电压用 U 表示。电压大小为单位正电荷因受电场力的作用从 a 点移动到 b 点时所做的功。因电压是对两点之间而言，所以表示时要用下标表示电压方向。若正电荷从 a 点移动到 b 点，则规定电压方向为从 a 点指向 b 点，记为 U_{ab}，如图 1.13 所示。

$$U_{ab}=\frac{\mathrm{d}W}{\mathrm{d}q}$$

式中　$\mathrm{d}W$——电荷由 a 点移动到 b 点所做的功，J；

$\mathrm{d}q$——由 a 点移动到 b 点的电荷量，C；

U_{ab}——a、b 两点间的电压。

由此可知电压是反映电场力做功能力的物理量。

（2）电压单位：电压的单位是伏特，符号为 V。如图 1.14 所示，如果将 1 库仑正电荷从 a 点移动到 b 点，电场力所做的功为 1 焦耳，则 a 和 b 两点之间的电压为 1 伏（V）。电压的常用单位有千伏（kV）、毫伏（mV）或者微伏（μV）。1kV = 1000V，1V = 1000mV，1mV=1000μV。

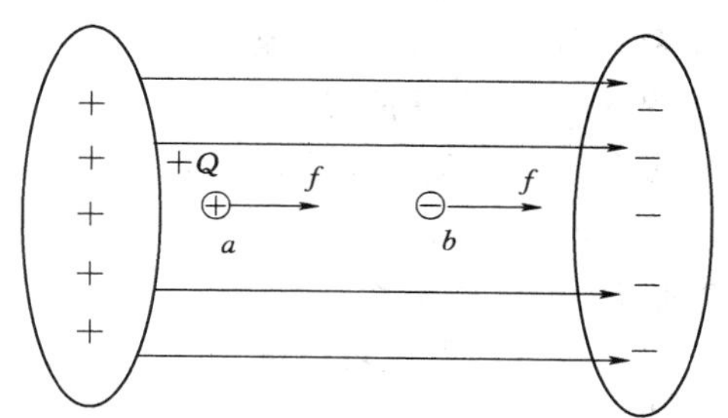

图 1.14　电场力做功

（3）常见电压知识：电视信号在天线上感应的电压约 0.1mV，维持人体生物电流的电压约 1mV，碱性电池标称电压 1.5V，电子手表氧

化银电池两极间的电压 1.5V，干电池两级间的电压 1.5V，一节蓄电池电压 2V，手持移动电话电池两极间的电压 3.6V，对人体安全的电压干燥情况下不高于 36V，家庭电路的电压 220V，动力电路电压 380V，无轨电车电源的电压 550～600V，列车上方电网电压 1500V，电视机显像管的工作电压 10kV 以上，发生闪电的云层间电压可达 10000kV。

电压可分为高电压、低电压和安全电压。

高低电压的区别是：以电气设备的对地电压值为依据，对地电压高于 250V 的为高电压，对地电压小于 250V 的为低电压。其中安全电压指人体较长时间接触而不致发生触电危险的电压。

1.2.2.3 电压的实际方向与参考方向

实际方向：在电场力的作用下，正电荷总是从高电位向低电位运动，我们规定电压的方向为由高电位点指向低电位点。

电压总是对电路中的两点而言，因而用双下标表示，如 U_{ab}。其中 V_a 代表正电荷运动的起点电位，V_b 代表正电荷运动的终点电位，电压的方向则由起点指向终点。在电路中，电压的方向也称作电压的极性，用“+”和“－”表示正电荷的“起点”和“终点”，称作“正极”和“负极”。

电压的参考方向：电路中任意两点之间的电压的实际方向往往不能预先确定，此时，为了方便电路分析，任意设定该段电路电压的参考方向，并以此为依据进行电路分析和计算。

若计算电压结果为正值，说明电压的设定参考方向与实际方向一致；若计算电压结果为负值，说明电压的设定参考方向与实际方向相反。图 1.15 为电压参考方向的三种表示方法。

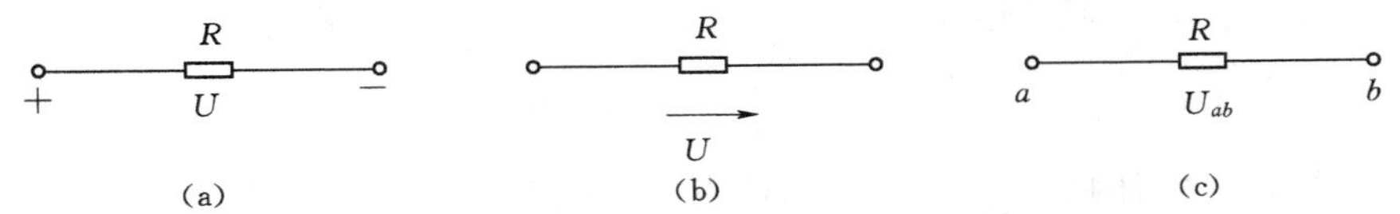

图 1.15　电压参考方向的三种表示方法

1.2.2.4 电压的测量

电压可以用电压表测量。测量的时候，电压表的正、负极性和被测电压要一致，把电压表并联在电路元器件两端。要选择电压表指针接近满偏转的量程。如果电路上的电压大小估计不出来，要先用大的量程，粗略测量后再用合适的量程。这样可以防止由于电压过大而损坏电压表。电压测量电路图见图 1.16。

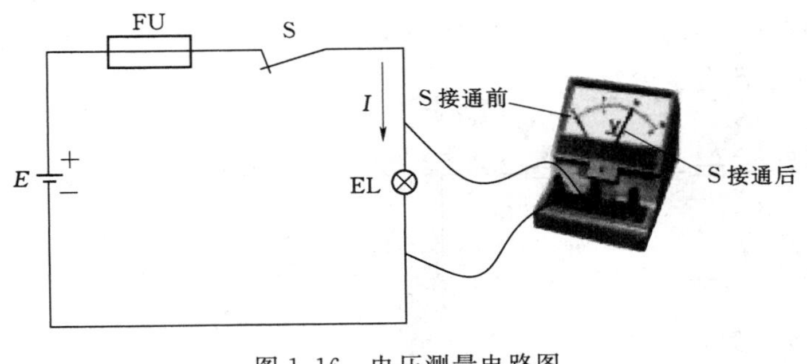

图 1.16　电压测量电路图

1.2.3　电压和电流的参考方向

已知实际电路中，电压与电流的实际方向是客观存在的，而参考方向却是由于电路分析需要人为设定。所以在电路分析中我们都是依据设定的参考方向列写电路相关方程，不管分析何种电路，得出的结果仅会出现实际数学符号的差异。因此，当我们求解出电路最后结果时带有负号，说明我们假设的参考方向与实际电路电压电流方向相反。

因此在电路分析中，若电流的参考方向从电压参考方向的正极流向负极时，称此时电压与电流为关联参考方向，反之则称为非关联参考方向。

【例1.3】 判断如图1.17中电流与电压参考方向关系。

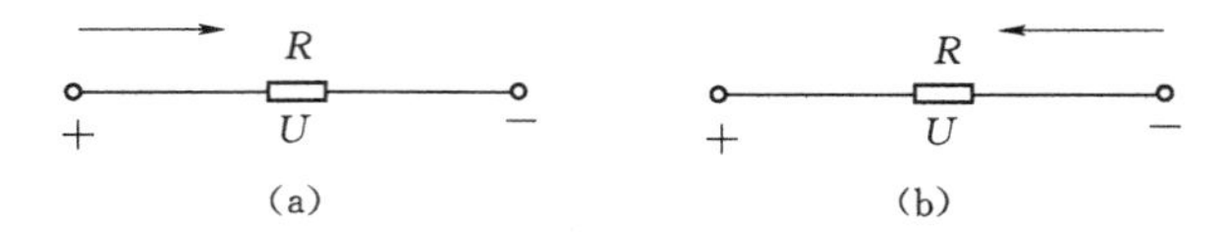

图1.17 ［例1.3］题电路图

解： 图（a）中电压与电流方向一致，是关联参考方向；图（b）中电压与电流参考方向不一致，是非关联参考方向。

1.2.4　电位

电位是指电路中某点与参考点之间的电压。通常把参考点的电位规定为零，又称为零电位。电位的文字符号用带单下标的字母V表示，即电位又代表一点的数值，如V_a表示a点的电位。电位的单位也是伏特（V）。

因此用V_a表示a点的电位。一般选大地为参考点，即视大地为零电位。电路中任意两点（如a、b两点）之间的电位差（电压）与该两点电位的关系为

$$U_{ab}=V_a-V_b$$

即电路中任意两点之间的电位差就等于这两点之间的电压。故电压又称为电位差。

电压具有相对性，即电路中某点的电位随参考点位置的改变而改变；而电位差具有绝对性，即任意两点之间的电位差值与电路中参考点的位置选取无关。

由式$U_{ab}=V_a-V_b$可知，$U_{ab}=-U_{ba}$。如果$U_{ab}>0$，则$V_a>V_b$，说明a点电位高于b点电位；反之，$U_{ab}<0$，则$V_a<V_b$，说明a点电位低于b点电位。

电位有正电位与负电位之分，当某点的电位大于参考点电位（零电位）时，称其为正电位，反之叫负电位。

在电力系统中，电子仪器和设备中又常把金属外壳或电路的公共接点的电位规定为零电位。

【例1.4】 如图1.18所示，已知$V_a=36\text{V}$，$V_b=24\text{V}$，$V_c=10\text{V}$，若以d为参考点，试求U_{ba}、U_{cd}、U_{ac}各为多少？

解：

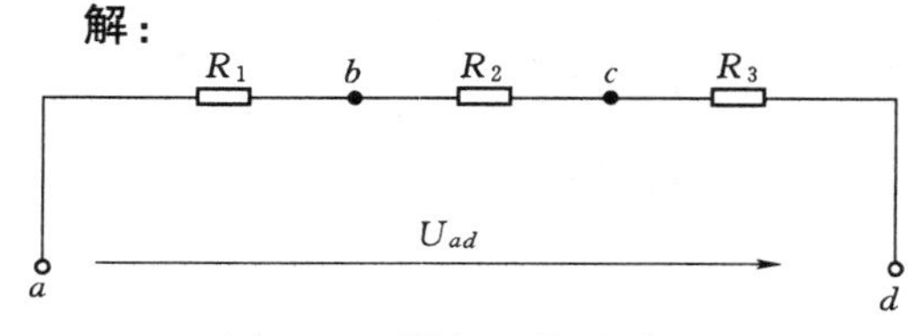

图1.18 ［例1.4］电路图

以d为参考点，则可设$V_d=0\text{V}$，则

$$U_{ba}=V_b-V_a=24-36=-12(\text{V})$$

$$U_{cd}=V_c-V_d=10-0=10(\text{V})$$

$$U_{ac}=V_a-V_c=36-10=26(\text{V})$$

1.2.5 电动势

电动势是衡量电源将非电能转换成电能的物理量，是指在电源内部外力将单位正电荷从电源的负极 b 移动到正电极 a 所做的功，用符号 E 表示。电动势的单位与电压相同，用伏（V）表示。其数学表达式为

$$E=\frac{\mathrm{d}W_{\mathrm{ab}}}{\mathrm{d}q}$$

正电荷在电源内部是由“－”极移动到“＋”极，是由于电源内部非电场力的作用，如电池内部的化学力、发电机内部的电磁力等，通称为电源力。电源力做功能力的大小用电动势来表示。

电动势方向：电动势的方向规定为由电源“－”极指向“＋”极，即电位升的方向，用箭头表示。与电流、电压相似，电路图中电动势 E 的参考方向就是实际方向，如图 1.16 所示。图 1.16 中，电源两端的电压的方向由“＋”极指向“－”极，即电位降低的方向。图中同时表示了电源两端的电压和电动势的参考方向，两者箭头方向正好相反（电动势的箭头可以不画出）。

1.2.6 电能和电功率

1.2.6.1 电功率

在实际电力系统中，正常工作时总有能量的相互转换，而电路元件及设备本身都有额定功率，使用时不能超过这个额定值，否则将会破坏电路及器件，使元件及电气设备遭受不可逆的损坏。

定义在单位时间内电路吸收或者消耗的电能，即为

$$p=\frac{\mathrm{d}W}{\mathrm{d}t}$$

在直流电路中电功率实际上可表示为

$$P=UI$$

功率的国际标准单位是瓦特，简称瓦，符号是 W。

在实际电路分析中，若考虑电路中电压及电流参考方向为非关联时，此时计算电功率时为

$$P=-UI$$

不管电压及电流参考方向如何，对于电功率有如下结论：

（1）若 $P>0$，电路元件吸收功率，属于耗能元件，起负载作用。

（2）若 $P<0$，电路元件发出功率，属于非耗能元件，起电源作用。

（3）若 $P=0$，电路元件既不吸收功率，也不消耗功率。

【例 1.5】 计算图 1.19 中各元件的功率，已知 $U_1=10\mathrm{V}$，$U_2=-6\mathrm{V}$，$I=2\mathrm{A}$；试分析各元件是吸收功率还是发出功率，并求电路总功率。

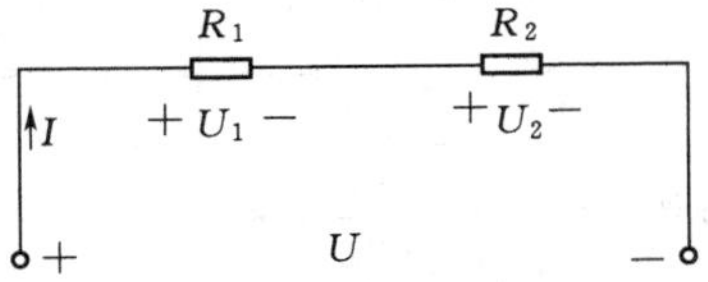

解： 由图 1.19 可知，电阻 R_1 电压与电流为关联参考方向，则

$$P_1=U_1I=10\mathrm{V}\times2\mathrm{A}=20\mathrm{W}$$

图 1.19 ［例 1.5］图

电阻 R_2 两端电压与电流为非关联参考方向，则

$$P_2=-U_2I=-(-6V\times 2A)=12W$$

电路总功率为

$$P=P_1+P_2=20W+12W=32W$$

分析可知在该电路中电源发出功率为 32W，R_1 与 R_2 分别吸收 20W 及 12W 功率，整个电路功率保持平衡。

1.2.6.2　电能

对于电路而言，电场所具有的能量称为电能，即可定义为电路元件在一段时间（假设 t_1-t_2 时间）内吸收或发出的能量，表示为

$$W=\int_{t_1}^{t_2}p(t)\mathrm{d}t$$

对于直流电路而言：

$$W=P(t_2-t_1)=PT=UIT$$

在国际单位制中，电能的单位为焦耳，简称焦（J），而在实际生活中，常用“度”来计量电能，即 1 度=1kW·h，1kW·h=3.6×10^6J。

1.3　电　阻　元　件

1.3.1　电阻元件的定义

电路是由不同的电路元件按一定方式连接组成的，其中最基本的元件有电阻、电容和电感。

我们将导体对电流的阻碍作用称为电阻。电阻小的物质称为电导体，简称导体。电阻大的物质称为电绝缘体，简称绝缘体。

电阻常用 R 来表示，其单位为欧姆（Ω）；导体的电阻 R 跟它的长度 l 成正比，跟它的横截面积 s 成反比，还跟导体的材料有关系，这个规律就叫电阻定律：

$$R=\rho\frac{l}{s}$$

式中　ρ——电阻率。

某种材料制成长 1m、横截面积是 1mm^2 的导线的电阻，即为这种材料的电阻率。电阻率是描述材料性质的物理量。国际单位制中，电阻率的单位是欧姆·米（Ω·m），常用单位是欧姆·平方毫米/米（$\Omega\cdot\text{mm}^2/\text{m}$）。与导体长度 l、横截面积 s 无关，只与物体的材料和温度有关，有些材料的电阻率随着温度的升高而增大，有些反之。表 1.1 是常见的不同材料、性质的电阻的特性及用途。

表 1.1　　不同材料、性质的电阻的特性及用途

性质	材料名称	电阻率（20℃）/($\Omega\cdot\text{mm}^2/\text{m}$)	电阻温度系数 α(20℃)/(1/℃)	用　途
导体材料	银	0.0165	0.0036	导线镀银
	铜	0.0175	0.004	导线，主要导电材料
	铝	0.0283	0.004	导线
	碳	10	−0.0005	电刷

续表

性质	材料名称	电阻率（20℃）/(Ω·mm²/m)	电阻温度系数 α(20℃)/(1/℃)	用　　途
电阻材料	钨	0.055	0.005	白炽灯的灯丝，电器的触头
	康铜	0.44	0.000005	标准电阻
	锰铜	0.42	0.000005	标准电阻
	镍铬铁合金	1.12	0.00013	电炉丝
	铝铬铁合金	1.3～1.4	0.00005	电炉丝
	铂	0.106	0.00398	热电偶或电阻温度计

电阻元件还可根据通过电阻元件的电压、电流是否呈线性关系分为线性电阻元件和非线性电阻元件，在不做特定说明情况下，本书所讲的都是线性电阻元件。

1.3.2 电阻元件的伏安特性

利用电阻两端的电压 U 和流经该电阻的电流 I 来描述电阻的特性，称为电阻元件的伏安特性。

由电阻元件的欧姆定律可知导体中的电流跟导体两端的电压成正比，跟导体的电阻阻值成反比。即

$$R=\frac{U}{I}$$

式中　I、U、R——同一部分电路中同一时刻的电流强度、电压和电阻。

此时 $I=\frac{U}{R}=GU$，将 $G=\frac{1}{R}$ 称为电导，一般情况下是常实数，国际单位制中用西门子（S）来表示其单位。

对于关联参考方向下的电阻元件，其伏安特性曲线如图 1.20 所示。

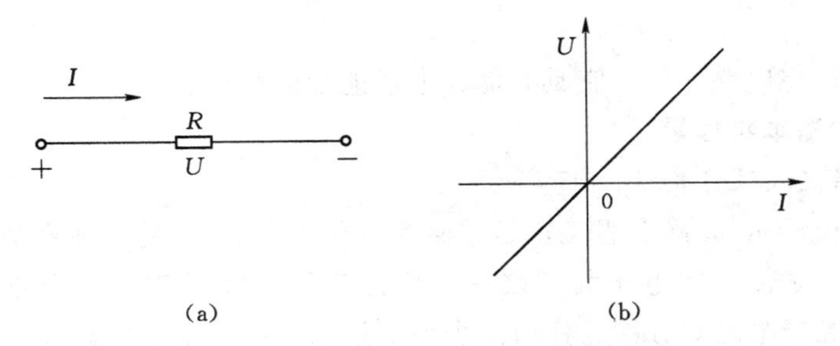

图 1.20　关联参考方向电阻元件伏安特性曲线

若电流、电压参考方向取非关联参考方向，欧姆定律就变为

$$R=-\frac{U}{I}$$

此时线性电阻元件的伏安特性曲线如图 1.21 所示。

1.3.3 电阻元件的功率

电路中电流电压参考方向取关联参考方向时，电阻元件的功率为

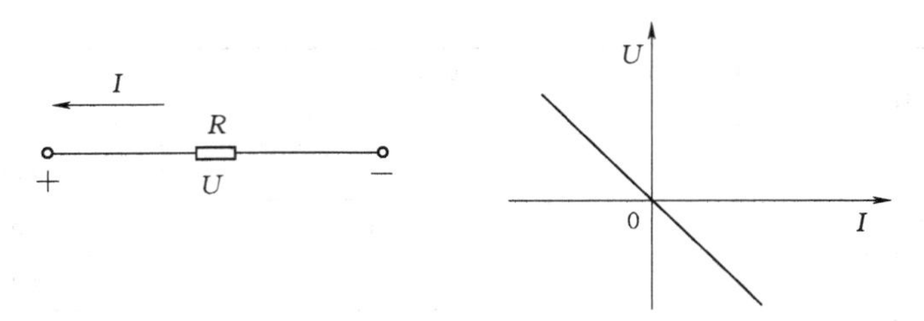

图 1.21　非关联参考方向电阻元件伏安特性曲线

$$p=ui=\frac{u^2}{R}=i^2R \text{ 或 } P=UI=\frac{U^2}{R}=I^2R$$

若电流电压参考方向取非关联参考方向，可得到

$$p=-ui=-\left(u\frac{-u}{R}\right)=\frac{u^2}{R}=i^2R \text{ 或 } P=UI=-\left(U\frac{-U}{R}\right)=\frac{U^2}{R}=I^2R$$

由此可知电阻元件的功率恒大于零，电阻元件总是吸收功率，属于耗能元件。

【例 1.6】 有一电阻额定值为 0.5W、5kΩ 的电阻，若要使其正常工作，需要加在它两端的电压为多大？如在其两端外加 10V 时，此时消耗功率为多少？

解： 由题知，正常工作时其两端电压为额定电压，由 $P=\frac{U^2}{R}$ 可知

$$U=\sqrt{PR}=\sqrt{0.5\times5000}=50(\text{V})$$

若此时外加 10V 电压时，消耗的功率为

$$P=\frac{U^2}{R}=\frac{10^2}{5000}=0.02(\text{W})$$

1.4　电　容　元　件

电容元件是理想电路元件，它具有储存电场能量的性质。

1.4.1　电容器的基本物理量

1.4.1.1　电容器定义及分类

电容器（Capacitor），顾名思义，是“储存电荷的容器”，是一种容纳电荷的器件。电容是电子设备中大量使用的电子元件之一，广泛应用于隔直耦合、旁路、滤波、调谐回路、能量转换、控制电路等方面。任何两个彼此绝缘且相隔很近的导体（包括导线）间都构成一个电容器。

电容器是由被绝缘物质隔离开的两块导体组成的。两块导体叫做电容器的极板，极板上有电极，用于接入电路中；两块导体中间的绝缘物质叫做电容器的介质，常见的电容器介质有空气、云母、纸、塑料薄膜和陶瓷等。电容器的种类虽然很多，规格大小不一，但它们的构成原理基本相同。电容器由两块面积相同、互相平行的金属板和填充期间的介质构成，图实物和形符号如图 1.22 所示。

电容的分类中可按照结构不同分为固定电容器、可变电容器和微调电容器，按电解质分类有有机介质电容器、无机介质电容器、电解电容器和空气介质电容器等，按用途分有

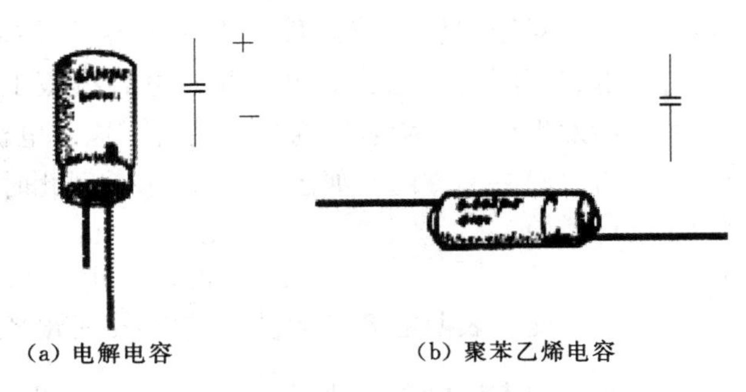

图 1.22 电解电容与聚苯乙烯电容

高频旁路电容器、低频旁路电容器、滤波电容器、调谐电容器、高频耦合电容器、低频耦合电容器、小型电容器。图 1.23 为常见的电容器。

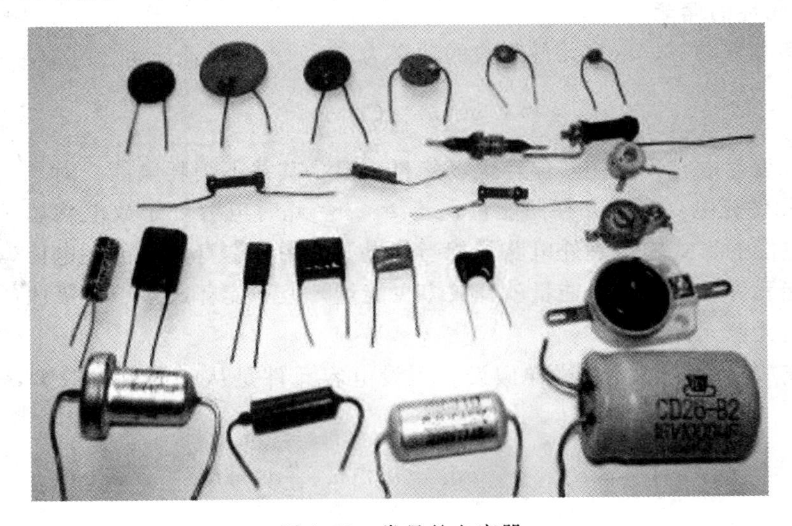

图 1.23 常见的电容器

1.4.1.2 电容量

将电容器接入直流电源，则在电源的作用下，使与电源正极相接的极板 A 上的自由电子，移向与电源负极相接的极板 B 上，这样，电容器的极板 A 因失去电子而带上正电荷，极板 B 因得到电子而带上等量的负电荷。一旦电容器两极板上带上等量而异号的电荷后，电容器两端就产生电压，且该电压随着极板上储存的电荷增多而增大。当增大到等于电源电压时，电容器两极板上的正、负电荷将保持一定值。极板上所带的电荷量 q 与极板间电压 U 的比值称为电容器的电容量，简称电容，用 C 表示，国际单位为法拉，用 F 表示，数学表达式为

$$C=\frac{q}{U}$$

在实际应用中使用小容量电容的情况较多，一般可用较小的单位 μF、nF、pF 标注电容量，其换算关系为

$$1\mu F=10^{-6}F, 1nF=10^{-3}\mu F=10^{-9}F, 1pF=10^{-6}\mu F=10^{-12}F$$

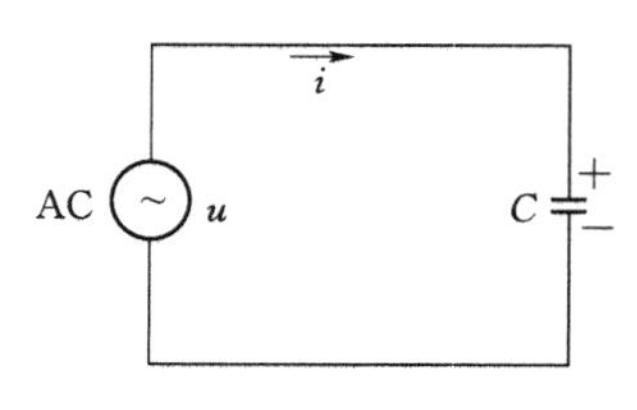

图 1.24　理想电容元件充放电电路图

对于理想电容元件，当在电容两端接上交流电压 u 时，电容不断被充电、放电，此时电容极板上的电荷量也会不停的发生变化，随着电荷的移动就形成了电流 i，若电压与电流为关联参考方向，如图 1.24 所示。则此时 u、i 的关系为

$$i=\frac{\mathrm{d}q}{\mathrm{d}t}=C\frac{\mathrm{d}u}{\mathrm{d}t}$$

此式表明电容的电流与电压的变化率成正比，若在电容两端加直流电压，此时 $\frac{\mathrm{d}u}{\mathrm{d}t}=0$，$i=0$。此时我们可以判定包含电容元件的支路是开路的，电容元件具有通交流阻直流的作用，在模拟电子技术分析中将会常用这一原理分析电路。

1.4.2　电容元件的储能

在关联参考方向下，电容元件吸收的功率为

$$p=ui=Cu\frac{\mathrm{d}u}{\mathrm{d}t}$$

此式可以表明电容元件能够储存电场能量，但是其并不消耗电能。对于上式而言，若 $p>0$，电容元件充电，吸收并存储能量；若 $p<0$，此时电容处于放电状态，将原来存储的电能再以电能的形式输送到外电路，相当于电源作用，本身并不消耗电能，因此电容元件是一个储能元件。吸收多少能量就释放多少能量，但不能释放多于它吸收的能量，所以电容元件也是无源元件。

在电容充放电过程中可做这样假设，假设电容元件是从 $-\infty$ 到 t 时刻，其吸收的能量为

$$\begin{aligned}W&=\int_{-\infty}^{t}ui\,\mathrm{d}\xi=\int_{-\infty}^{t}p\,\mathrm{d}\xi=\int_{-\infty}^{t}Cu\frac{\mathrm{d}u}{\mathrm{d}\xi}\mathrm{d}\xi=C\int_{u(-\infty)}^{u(t)}u\,\mathrm{d}u\\&=\frac{1}{2}Cu^2(t)-\frac{1}{2}Cu^2(-\infty)\end{aligned}$$

而在 $t=-\infty$ 时刻时，电容元件未能充电，所以 $u(-\infty)=0$。所以电容元件在任意时刻 t 存储的电能为

$$W=\frac{1}{2}Cu^2$$

1.4.3　电容器的主要性能指标

电容器的指标有标称容量和允许误差。电容器上所标明的电容值称为标称容量，标称容量和电容器实际容量之间是有差额的，电容器允许误差分为±1%（00 级）、±2%（0 级）、±5%（Ⅰ级）、±10%（Ⅱ级）、±20%（Ⅲ级）五级。电容器的误差有的用百分数表示，有的用误差等级表示。

电容器的额定工作电压是指电容器长时间工作而不会引起介质电性能遭到任何破坏的直流电压数值。电容器在工作时，实际所加电压的最大值不能超过额定工作电压。如果加到电容器上的电压超过了额定工作电压，介质的绝缘性能将受到破坏，电容器被击穿，两级间发生短路，不能继续使用。

1.4.4 电容元件的连接

在实际使用中，经常会遇到现有的电容器的电容量或耐压不能满足电路要求的情况。这时，往往把若干只电容器进行适当地连接后接入电路中使用，以满足电路的需要。电容器的连接方法有串联、并联和混联。

1.4.4.1 电容的串联

将两只或两只以上的电容器连接构成中间无分支的连接方式叫做电容器的串联。电容器串联的电路如图 1.25 所示。

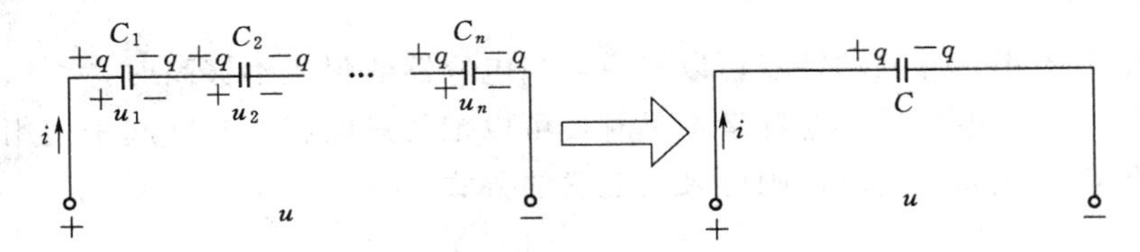

图 1.25 电容元件的串联

电容器串联电路特点如下：

（1）电容器串联时，各电容器上所带的电荷量相等，即

$$q_1=q_2=\cdots=q_n=q$$

（2）电容器串联电路两端的总电压等于各电容器两端的分电压之和，即

$$u=u_1+u_2+\cdots+u_n$$

（3）电容器串联电路的总电容量（即等效电容）的倒数，等于各个电容器电容量的倒数之和，即

$$\frac{1}{C}=\frac{1}{C_1}+\frac{1}{C_2}+\cdots+\frac{1}{C_n}$$

上式表明，电容器串联电路的总电容量小于任何一只电容器的电容量。因为电容器串联相当于加大了极板间的距离，使总电容量减小。

1.4.4.2 电容的并联

将两只或两只以上的电容器并列地接在相同的两点之间的连接方式叫做电容器的并联。两只电容器并联的电路如图 1.26 所示。

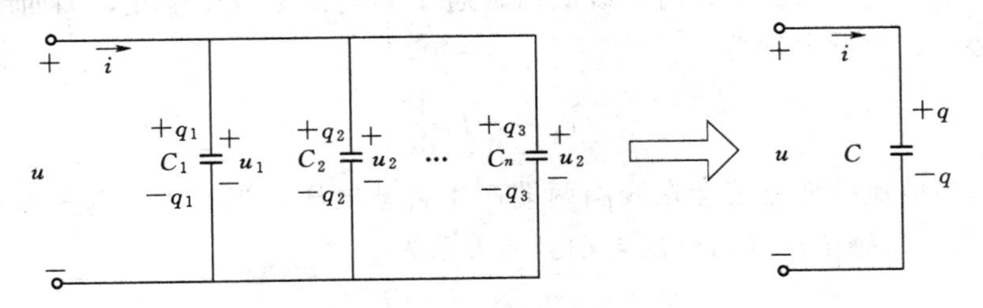

图 1.26 电容元件的并联

电容器并联电路的特点如下：

（1）电容器并联时，每只电容器所承受的电压相同，并等于电源电压，即

$$U_1=U_2=\cdots=U_3=U$$

（2）电容器并联时，等效电容器所储存的电荷量等于各电容器所储存的电荷量之和，即

$$q=q_1+q_2+\cdots+q_n$$

（3）电容器并联电路的电容量（即等效电容量）等于各个电容器的电容量之和，即

$$C=C_1+C_2+\cdots+C_n$$

上式表明，电容器并联时的总电容量大于任何一只电容器的电容量。因为电容器并联相当于加大了极板的面积，从而增大了电容量。

1.4.4.3　电容的混联

由以上电容器串、并联的特点可以知道，当电容器的耐压不够高时，可以把几只电容器串联起来使用；当电容器的电容量不足时，可以把几只电容器并联起来使用。若所需的电容量和耐压都不能满足要求，则可采用混联的方式。

1.5　电　感　元　件

1.5.1　电感线圈及基本物理量

由于流过线圈本身的电流发生变化而引起的电磁感应现象称为自感现象或自感应，简称自感。自感现象产生的感应电动势称为自感电动势。

线圈的自感系数跟线圈的形状、长短、匝数等因素有关。线圈面积越大、线圈越长、单位长度匝数越密，它的自感系数就越大。另外，有铁芯的线圈的自感系数比没有铁芯时大的多。线圈中通过单位电流所产生的自感磁链（磁通与线圈的交链）叫做自感系数，也叫做电感量，简称电感，用字母 L 表示，即

$$L=\frac{\psi}{i}$$

其中 $\psi=N\Phi$，即自感磁链，为整个线圈具有的磁通。

自感系数的单位是亨利，简称亨（H）。如果通过线圈的电流在 1s 内改变 1A 时产生的自感电动势是 1V，这个线圈的自感系数就是 1H。常用较小的单位有毫亨和微亨，换算公式为 $1\text{H}=10^3\text{mH}$，$1\text{mH}=10^3\mu\text{H}$。

当线圈中的电流 i 发生变化时，线圈内磁通 Φ 也将随之发生变化，因而线圈中将会产生感应电动势，即自感电动势。

$$e_L=-L\frac{\mathrm{d}i}{\mathrm{d}t}$$

由于线圈内电流的变化就会在线圈两端产生自感电压，当 u 和 i 为关联参考方向时，如图 1.27 所示，自感电压与自感应电动势的关系为

$$u=-e_L=L\frac{\mathrm{d}i}{\mathrm{d}t}$$

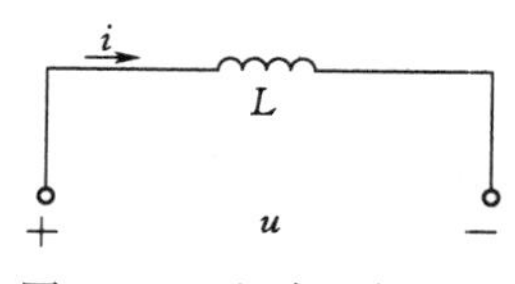

图 1.27　电感元件模型

由上式可知电感元件两端电压的大小与电流的变化率成正比。假如电路中通以直流电，此时 $\frac{\mathrm{d}i}{\mathrm{d}t}=0$，$u=0$，所以电感元件对直流可以看作是短路。

若为非关联参考方向，只需按照非关联参考方向分析方法分析即可。

1.5.2 电感元件的储能

在关联参考方向下，电感元件吸收的功率为

$$p=ui=Li\frac{\mathrm{d}i}{\mathrm{d}t}$$

当电感线圈内部通过的电流由 0～i 变化时，其储存的能量应为其从 $t=-\infty$ 到 t 吸收的能量：

$$W=\int_{-\infty}^{t}p\,\mathrm{d}\tau=\int_{-\infty}^{t}Li\frac{\mathrm{d}i}{\mathrm{d}\tau}\mathrm{d}\tau=\int_{i(-\infty)}^{i}Li\,\mathrm{d}i=\frac{1}{2}Li^2-\frac{1}{2}Li(-\infty)^2$$

而 $i(-\infty)=0$，故

$$W=\frac{1}{2}Li^2$$

上式表明，电感元件所储存的能量只与电流有关系，储存能量与电流的平方成正比。随着电感线圈通以电流后，线圈内部会将电能转换为磁能并存储。当通过的电流开始减小时，电感元件会将之前存储的磁能释放，此时将磁能转换为电能，相当于电路中电源的作用，直至电流减小为 0，释放全部磁能。可见，电感元件与电容元件是一样的，是无源元件，也是储能元件。

1.5.3 电感元件的连接

1.5.3.1 电感元件的串联

图 1.28 为电感串联电路及其等效电路。电感串联后，流过电流相同，可知

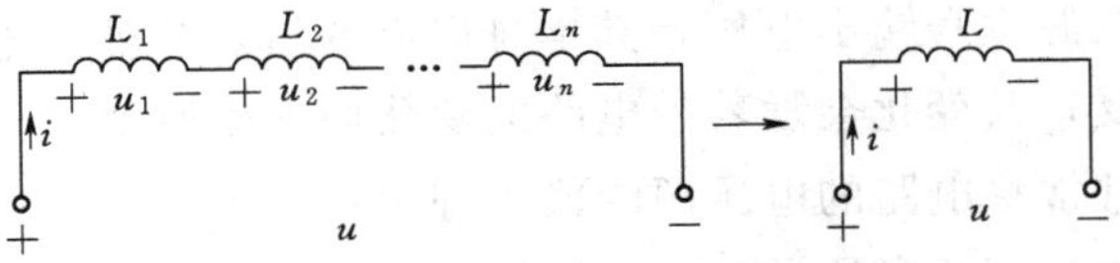

图 1.28 串联电感电路及其等效电路

$$\begin{aligned}u&=u_1+u_2+\cdots+u_n\\&=L_1\frac{\mathrm{d}i}{\mathrm{d}t}+L_2\frac{\mathrm{d}i}{\mathrm{d}t}+\cdots+L_n\frac{\mathrm{d}i}{\mathrm{d}t}=(L_1+L_2+\cdots+L_n)\frac{\mathrm{d}i}{\mathrm{d}t}\end{aligned}$$

由此可知电感串联后其等效电感为

$$L=L_1+L_2+\cdots+L_n$$

1.5.3.2 电感元件的并联

图 1.29 为电感并联后的等效电路。并联电路中电感两端电压是相同的，可知

$$\begin{aligned}i&=i_1+i_2+\cdots+i_n\\&=\frac{1}{L_1}\int_{t0}^{t}u\,\mathrm{d}\tau+\frac{1}{L_2}\int_{t0}^{t}u\,\mathrm{d}\tau+\cdots+\frac{1}{L_n}\int_{t0}^{t}u\,\mathrm{d}\tau\\&=i_1(t_0)+i_2(t_0)+\cdots+i_n(t_0)+\left(\frac{1}{L_1}+\frac{1}{L_2}+\cdots+\frac{1}{L_n}\right)\int_{t0}^{t}u\,\mathrm{d}\tau\\&=i(t_0)+L\int_{t0}^{t}u\,\mathrm{d}\tau\end{aligned}$$

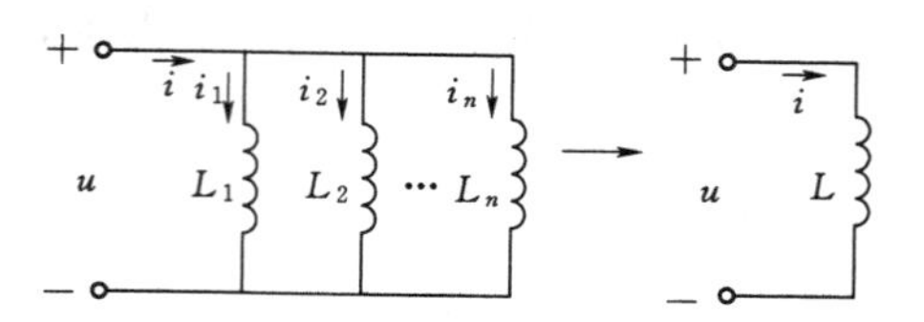

图 1.29　并联电感电路及其等效电路

电感并联后的等效电感及初始电流为

$$\frac{1}{L}=\frac{1}{L_1}+\frac{1}{L_2}+\cdots+\frac{1}{L_n}$$

$$i(t_0)=i_1(t_0)+i_2(t_0)+\cdots+i_n(t_0)$$

1.6　电压源和电流源

在电路分析中，常将电子器件分为有源元件和无源元件。之前学过的电容元件、电感元件都是属于无源元件，这部分元件在电路中始终是获得能量的，即 $W \geqslant 0$。相反，属于有源元件，在电路中提供能量，如电源、发电机等都属于有源元件，最重要的有源元件是电压源和电流源。

1.6.1　电压源

在电路中，能够为其他电路元件提供特定的电压的有源元件，称为电压源。图 1.30 为直流电压源的图像符号及输出波形。

电路分析中，电压源本身输出电压是其本身固有的值，与外接电路的特性无关。而电压源的电流则正好相反，其变化会随着外电路的变化而发生改变。

在电路分析中，常常将电路的电压源的输出理想化，即输出电压为恒定值，形成理想电压源，或称为恒压源。直流电压源就属于恒压源。

实际电路中，理想的电压源是不存在的，电源内部总是含有电阻，简称内电阻，用 r 表示。如图 1.31 所示，此时电压源为外电路输出电压时并不能将全部电压 U_s 输出，实际输出电压为

$$U=U_s-Ir$$

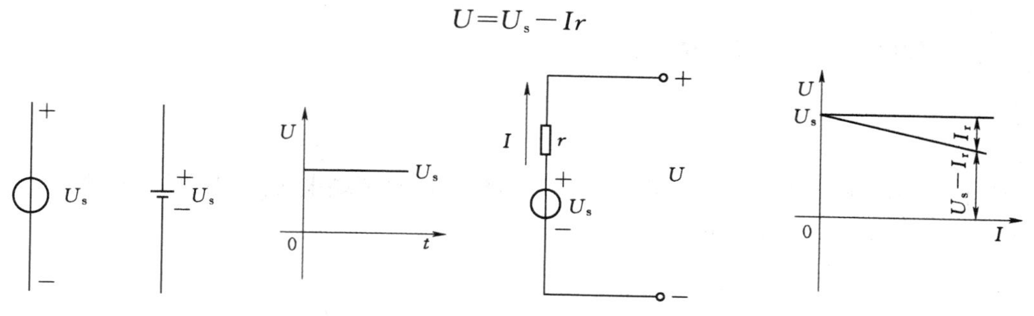

图 1.30　直流电压源的图形符号及电压波形

图 1.31　实际电压源及其输出波形

由此可知，实际电压源的输出会随着 I 的增大而减小。内阻 r 越小，那么实际电压源越接近于理想电压源。工程上常用的稳压电源及大型电网的输出电压基本保持不变，都可

以近似地看做是理想电压源。

1.6.2 电流源

与电压源一样，电流源也是在电路中为其他元件提供特定电流的有源元件。电流源可分为理想状态下的电流源，即恒流源以及实际电流源。图 1.32 为理想状态下的直流电流源模型及其输出波形。

直流电流源的输出电流 I_s由电流源本身性质决定，与电流源外电路无关，与电流源两端电压无关。而电流源的电压则不由其本身确定，与电流源的外电路有关，会随着外电路发生变化而变化。

而实际电路中，理想电流源是不存在的，因为电流源内部总是有电阻存在，内阻为 r，所以电流源并不能将电流全部输出，一部分电流将会被内阻分掉。图 1.33 为实际电流源模型——理想电流源与内阻的并联。

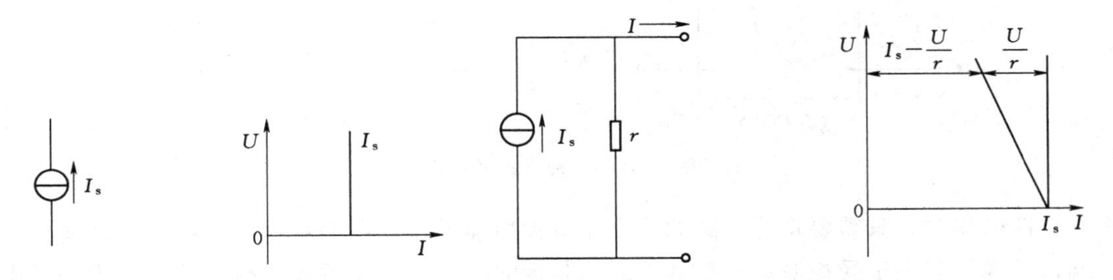

图 1.32　直流电流源模型及输出波形

图 1.33　实际电流源模型及输出波形

由此可知实际电流源的输出电流为

$$I=I_s-\frac{U}{r}$$

根据其输出波形可知当电流源内阻很小时，通过其的电流就很大；相反，电流源内阻很大时，通过其的电流就越小。当内阻接近于无穷大时，此时实际电流源就可以认为是一个理想电流源。

1.6.3 受控源

在电路中，对电路中能够提供的电压或者电流受到其他电压或电流控制的有源元件。由于受控源的控制量可以是电压和电流，而受控源亦可以是电流源和电压源，故在电路中常见的受控源有四种，即电压值的电压源（VCVS）、电压控制的电流源（VCCS）、电流控制的电压源（CCVS）、电流控制的电流源（CCCS），如图 1.34 所示。

在图 1.34 中，将 u_1、i_1 称为控制量，μ、g、r、β 称为控制系数，其中 μ、β 是无量纲的，g、r 的量纲分别是电导和电阻。若控制系数均为常数，受控源的被控制量与控制量成比例，此时称受控源为线性受控源，其特性方程为

（1）VCVS：$u_2=\mu u_1$，μ 称为电压放大系数。

（2）VCCS：$i_2=gu_1$，g 称为转移电导。

（3）CCVS：$u_2=ri_1$，r 称为转移电阻。

（4）CCCS：$i_2=\beta i_1$，β 称为电流放大系数。

由图 1.34 中可以看出受控源是一种四端口元件，为了实际电路分析方便，常常在分

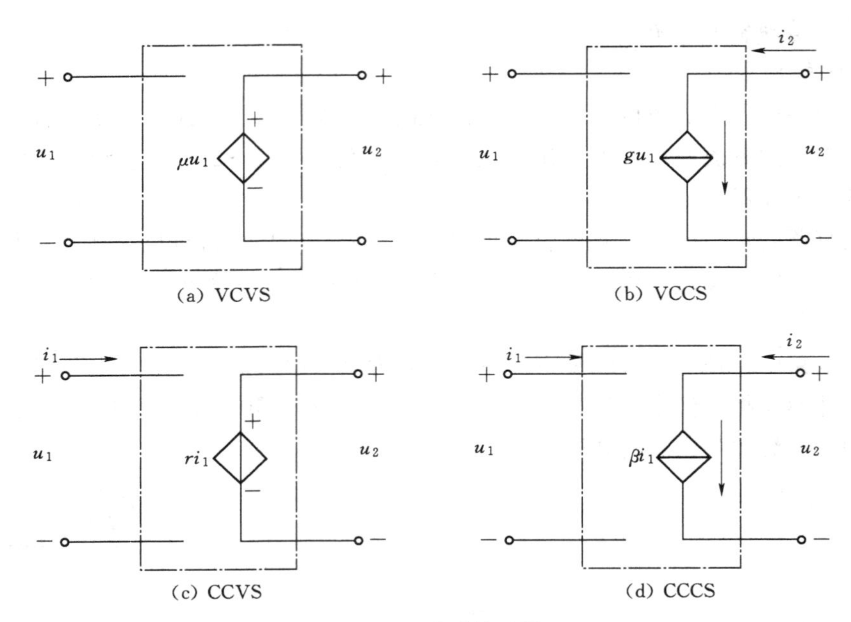

图 1.34　四种受控源模型

析受控源电路时，只需要将受控源的输出端口画出即可，这样就能够将四端口元件简化为二端口元件。且由于受控源本身受到外部控制量的控制，它并不能像独立源那样为外部电路提供激励。受控源在模拟电子技术中，如晶体管电路、集成运放电路分析中常用。

1.7　基尔霍夫定律

在简单电路分析中，可以利用欧姆定律分析，但是在一些较为复杂的电路中，欧姆定律是不适用的，此时就需要学习新的电路分析方法，如基尔霍夫定律。基尔霍夫定律是电路分析的基本定律。

1.7.1　常用的电路名词

1.7.1.1　支路

电路中流过同一电流不分叉的一段电路称为支路。支路中通过的电流称为支路电流，支路两端电压称为支路电压。图 1.35 所示电路中支路为：bca、bda、ab。

1.7.1.2　节点

电路中三条或三条以上支路的连接点称为节点。图 1.35 中共有 a、b 两个节点。

1.7.1.3　回路

电路中由若干条支路构成的任何一闭合路径称为回路。图 1.35 中有三个回路，即 $abca$、$adba$、$adbca$。

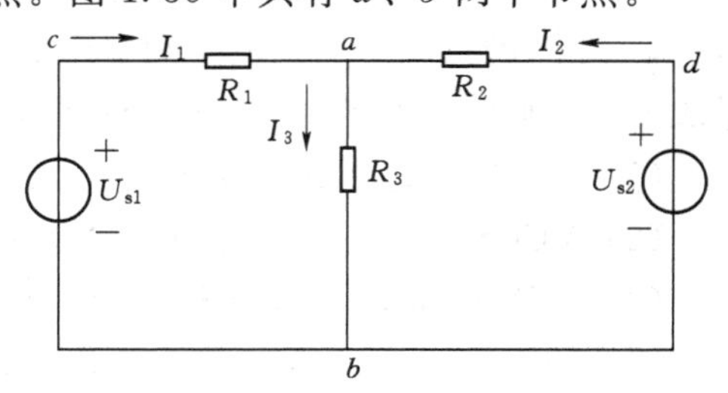

图 1.35　电路实例

1.7.1.4　平面电路

若电路画在一个平面上且没有任何两条支路在非节点处交叉，这样的电路称为平面电路。图

1.35 就是一个平面电路。

1.7.1.5 网孔

在平面电路中，内部不含有支路的回路称为网孔，图 1.35 中有两个网孔，即 *abca*、*adba*。由此可知网孔一定是回路，而回路不一定是网孔。

1.7.2 基尔霍夫电流定律（KCL）

直流电路中，电流的连续性原理是存在的，可以简单描述为单位时间内流入同一支路任意截面的电荷量等于流出该截面的电荷量。即，电路中若存在某一点的电荷堆积，则电流就不存在连续了。一旦电流不连续，则该系统的稳定性就无法估计，分析难度就会加大。

基尔霍夫电流定律可以这样描述：对于电路中的任一节点，在任一时刻流入节点电流的总和等于流出节点电流的总和。实际上这就是电流的连续性原理。

$$\sum I=0 \quad 或 \quad \sum i=0$$

上式表明任何时刻，对任一节点所有各支路电流的代数和（通常规定流入节点电流为正，流出节点电流为负）为零。由于此定律表明了节点上各电流的关系，故又称为节点电流定律。

它适用于每一个节点，常常对电路列写 KCL 方程时，对于任一节点的电流而言，流入该节点电流取正，流出该节点电流为负。例如图 1.35 中 a 节点，列写 KCL 方程可得

$$I_1+I_2=I_3 \quad 或 \quad I_1+I_2-I_3=0$$

【例 1.7】 如图 1.36 所示电路中，已知电流 $I_1=6\text{A}$，$I_2=5\text{A}$，$I_3=4\text{A}$，试求 I_4。

解：对于节点 a，列写 KCL，得

$$I_1-I_2-I_3-I_4=0$$

可求得 $I_4=-3\text{A}$

负号说明电流 I_4 的真实方向与图 1.36 中所示的方向相反。

基尔霍夫电流定律也可以推广到任一假设的封闭面。因为对封闭面来说，电流仍然是连续的，所以通过任一封闭面的电流的代数和也为零。例如图 1.37 所示的电路中，已知 $I_1=10\text{A}$，电阻 R_1、R_2、R_3 的大小未知，同样可由 KCL 来计算 I_3 的大小。

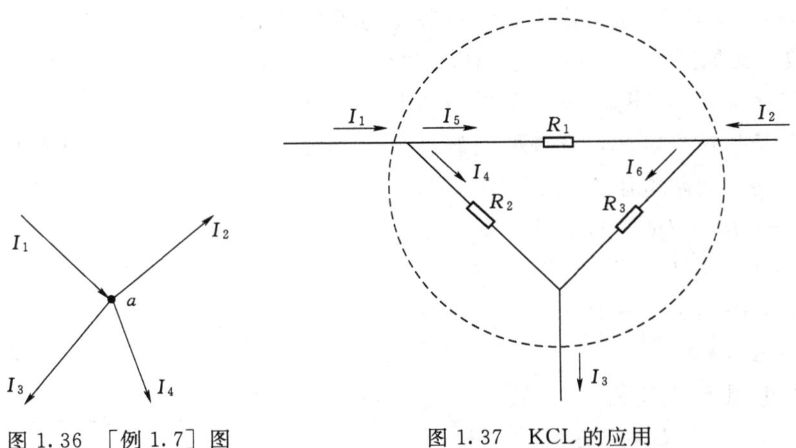

图 1.36 ［例 1.7］图

图 1.37 KCL 的应用

对于图1.37中虚线所示的封闭面，应用KCL可以列出以下式子：

$$I_3=I_1+I_2=10\text{A}+5\text{A}=15\text{A}$$

这一结果相当于把封闭面看成一个节点，应用KCL方程直接计算，而不需要考虑封闭面内部各支路上的电流。

1.7.3　基尔霍夫电压定律（KVL）

基尔霍夫电压定律是关于回路中各部分电压之间关系的定律。可描述为：在任何时刻，沿电路中的任何一个回路，各个元件（或各支路）上的电压的代数和等于零，用数学公式可表示为

$$\sum U=0 \quad 或 \quad \sum u=0$$

利用KVL列写方程时，必须首先假设回路中各元件电压的参考方向，并指定回路的绕行方向（顺时针或逆时针）。当电压方向与回路绕向一致时（沿回路绕向，电压由"+"极走向"－"极），电压取正号，相反时（沿回路绕向，电压由"－"极走向"+"极），电压取负号。

【例1.8】　如图1.38所示，列写其KVL方程。

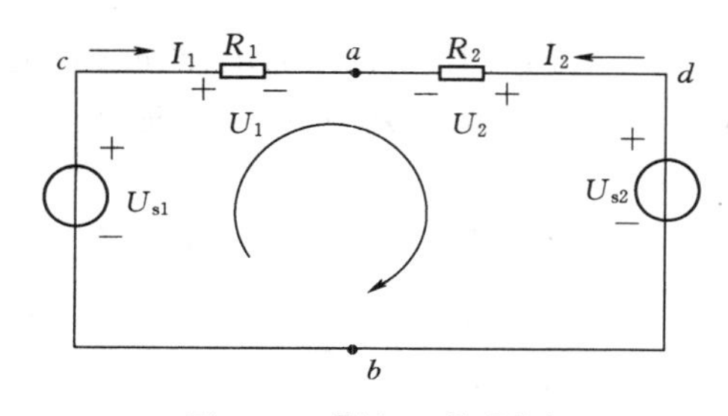

图1.38　[例1.8]题图

解： 首先选取回路绕行方向为顺时针方向，列写KVL方程，为

$$U_1-U_2+U_{s2}-U_{s1}=0$$

即　$$I_1R_1-I_2R_2+U_{s2}-U_{s1}=0$$

也可表示为

$$I_1R_1-I_2R_2=U_{s1}-U_{s2}$$

写成一般形式，可表示为

$$\sum RI=\sum U_s$$

上式就是基尔霍夫电压定律的另一种数学表达式，它表明任何时刻、任一回路中电阻元件上电压降的代数和等于回路中各电动势的代数和。式中电压、电动势的正负号规则与前述相同。

与KCL相同，KVL也可推广到任意假想的闭合回路中来分析电路。

【例1.9】　在如图1.39所示电路中，已知，$I=1\text{A}$，$R_1=10\Omega$，$R_2=4\Omega$，$U_{s1}=20\text{V}$，$U_{s2}=10\text{V}$，$U_{s3}=5\text{V}$，求电阻R两端的电压U及其阻值。

解： 依据基尔霍夫定律，选择回路绕行方向如图1.39所示，电阻两端电压与回路绕行方向一致，列写回路电压方程如下：

$$-U_{s1}+IR_1+IR_2-U_{s2}+U_{s3}+U=0$$

$$\begin{aligned}U&=U_{s1}-IR_1-IR_2+U_{s2}-U_{s3}\\&=20-10-4+10-5\\&=11(\text{V})\end{aligned}$$

又，流经电阻R电流为1A，故

$$R=\frac{U}{I}=11(\Omega)$$

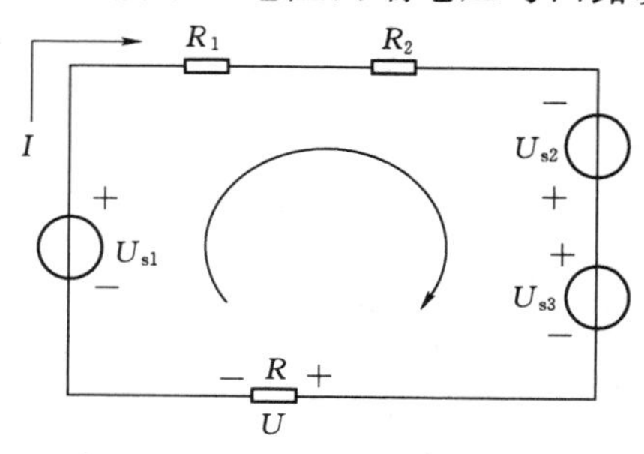

图1.39　[例1.9]题图

1.8 安全用电常识

安全用电是基础。学习安全用电的基础知识，
了解安全电压的规定，树立安全用电与规范操作的职业意识；通过模拟演示等教学手段，了解人体触电的类型及常见原因，掌握防止触电的保护措施，了解触电的现场处理措施。

1.8.1 人体触电的主要形式

1.8.1.1 直接接触触电

(1) 单相触电：单相触电是指人体接触三相电网中带电体的某一相时，电流通过人体流入大地的触电方式。单相触电如图 1.40 所示。

(2) 两相触电：在三相电路中，当人体两处同时触及两相带电体时，就是两相触电。两相触电时，电流从一相导体经人体流入另一相，构成闭合回路。两相触电时，人体承受的电压为两相之间的电压，即线电压。线电压是相电压的 1.732 倍（如相电压为 AC220V，线电压＝1.732×220V＝380V）。两相触电比单相触电更危险。两相触电如图 1.41 所示。

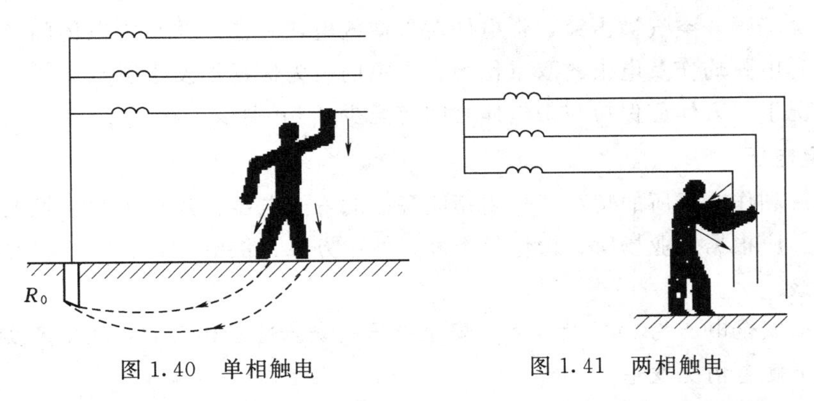

图 1.40 单相触电　　图 1.41 两相触电

(3) 电弧伤害触电：电路发生短路等故障时，短路点可能发生电弧。当电弧达到一定强度时，可能对人体皮肤、眼睛造成伤害。

1.8.1.2 间接接触触电

间接接触触电是由于设备绝缘损坏发生接地故障，设备金属外壳及接地点周围出现对地电压引起的，包括跨步电压触电和接触电压触电两种。

(1) 跨步电压触电：人在有电位分布的故障区域内行走，其两脚之间呈现出电位差，此电位差称为跨步电压。由跨步电压引起的触电称跨步电压触电，跨步电压触电如图 1.42 所示。

(2) 接触电压触电：在正常情况下，电气设备的金属外壳是不带电的。由于电气设备绝缘损坏，设备漏电，使设备的金属外壳带电。接触电压是指人触及漏电设备的外壳，加于人手与脚之间的电位差。由接触电压引起的触电称为接触电压触电。若设备的外壳不接地，在此接触电压下的触电情况与单相情况相同；若设备外壳接地，则接触电压为设备外壳对地电位与人站立点的对地电位之差，接触电压触电如图 1.43 所示。

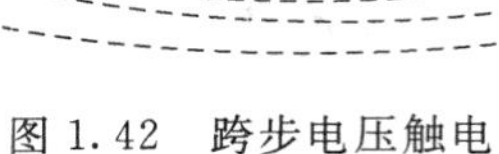

图 1.42　跨步电压触电

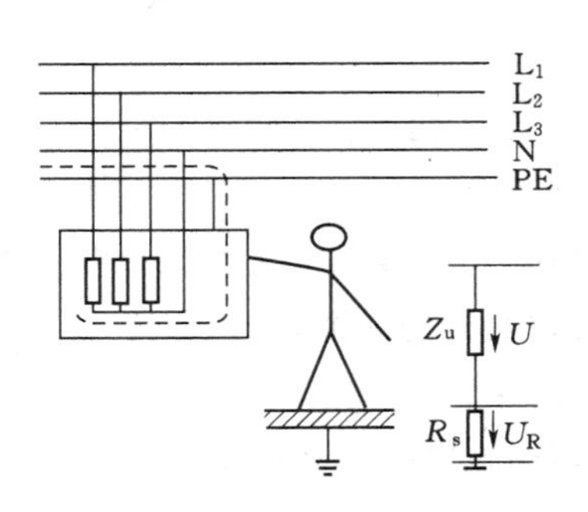

图 1.43　接触电压触电

（3）与带电体的距离小于安全距离的触电：前述几类触电事故，都是人体与带电体直接（间接）接触时发生的。实际上，当人体与带电体（特别是高压带电体）的空气间隙小于一定的距离时，虽然人体没有接触带电体，也可能发生触电事故。这是因为空气间隙的绝缘强度是有限度的，当人体与带电体的距离足够近时，人体与带电体间的电场强度将大于空气的击穿场强，空气被击穿，带电体对人体放电，并在人体与带电体间产生电弧，此时人体将受到电弧灼伤及电击的双重伤害。在室内，为保证不发生触电事故，在没有任何安全防护情况下，人体应保持与带电体之间有至少 0.5m 距离。

1.8.2　安全电压

根据生产和作业场所的特点，采用相应等级的安全电压，是防止发生触电伤亡事故的根本性措施。应根据作业场所、操作员条件、使用方式、供电方式、线路状况等因素选用安全电压等级。

实训室的安全电压为 24V 及以下。安全电压的安全性是相对的，在生产实践中，仍有在安全电压下触电情况发生。

1.8.3　触电处理与预防

（1）触电事故分类：人身事故、设备事故。

（2）触电事故发生后的处理过程，具体包括：

1）使触电者迅速脱离电源。

a. 低压电源的脱离方法：拉、切、挑、拽、垫。

b. 高压电源的脱离方法：通知供电部门拉闸停电，短路迫使保护设备动作。

c. 进行现场救护。

2）触电事故的预防。

a. 正确使用电工工具，在未经实训指导教师同意情况下，严禁带电作业。

b. 必须经实训指导教师检查并符合通电条件时方可通电。

c. 通电时必须有两人及以上学生在场，其中一名学生必须随时做好切断电源的准备。

d. 按设备技术参数使用电气设备。

e. 正确选用绝缘、保险等材料。

f. 按规程进行正确操作。

习 题

1.1 简述导体与绝缘体的区别。

1.2 电路由哪几部分组成？其各部分作用分别是什么？

1.3 什么是电流的热效应？举例说明电流的热效应有哪些优缺点？

1.4 计算如图 1.44 所示电路中的电压 U 与电流 I。

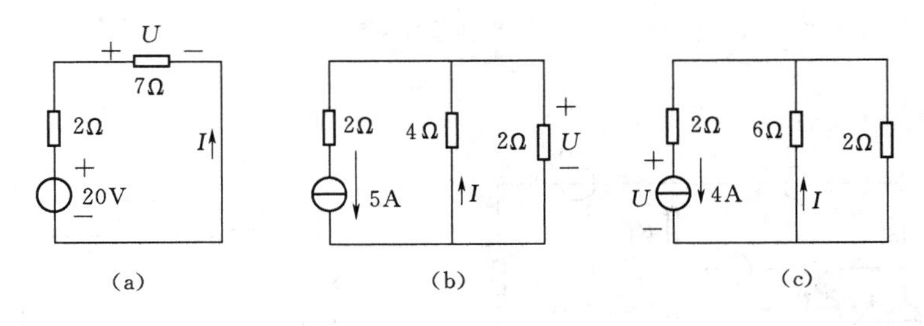

图 1.44 题 1.4 题图

1.5 已知如图 1.45 所示电路，若选择地 o 为参考点，求电路中 a、b、c 点的电位。若选择 b 点作为参考点，此时电路中 a、c 以及 o 点电位有无变化。

1.6 如图 1.46 所示电路，求电路中 U_1、U_2、U_3、I_2、I_3 以及各电阻的功率、电流源的功率。

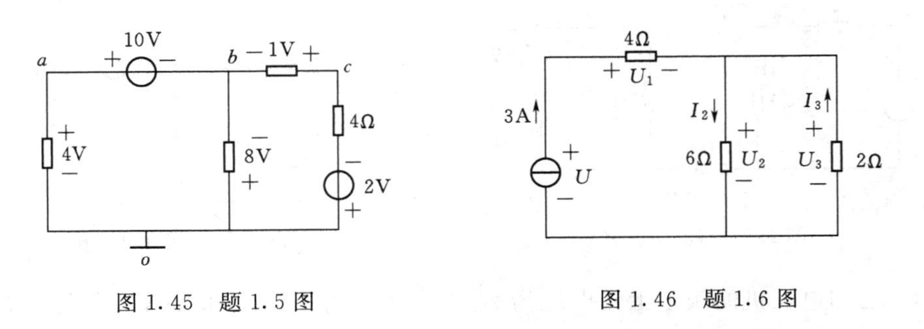

图 1.45 题 1.5 图 图 1.46 题 1.6 图

1.7 如图 1.47 所示电路，求解各电路的功率，并说明是发出功率还是吸收功率。

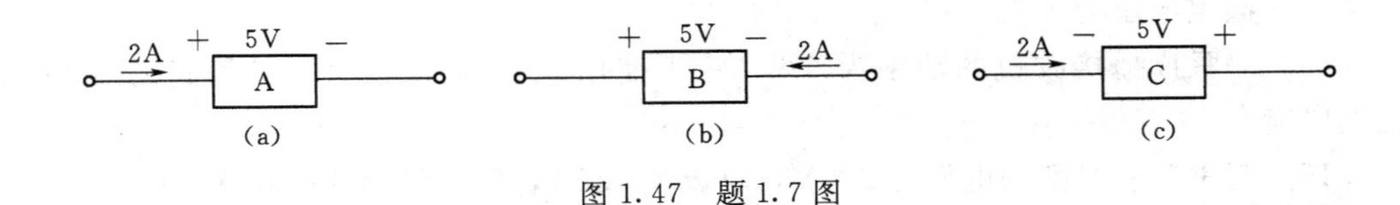

图 1.47 题 1.7 图

1.8 如图 1.48 所示电路，试求电路中的未知电流。

1.9 列出如图 1.49 所示电路中所有节点的 KCL 方程与所有回路的 KVL 方程。

1.10 如图 1.50 所示电路中，计算电压 U 以及各元件的功率。

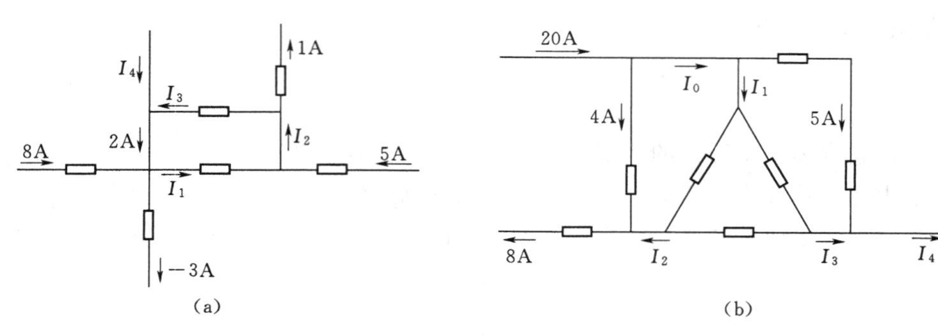

图1.48　题1.8图

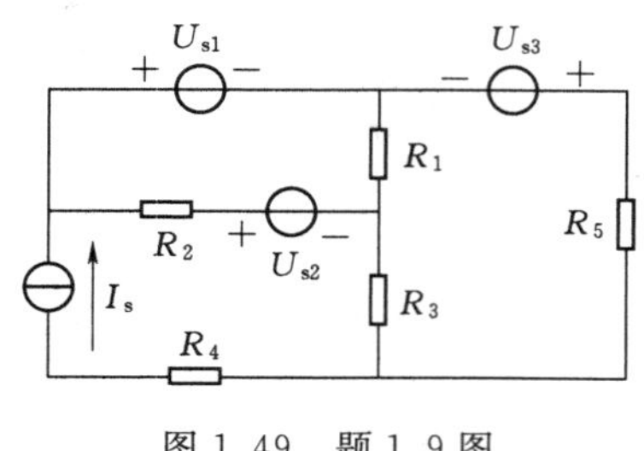

图1.49　题1.9图

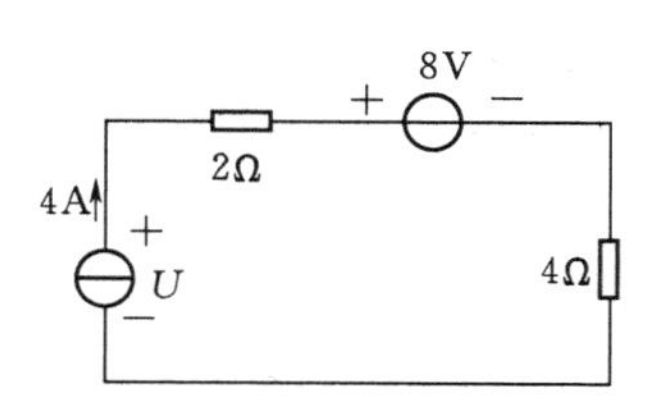

图1.50　题1.10图

1.11　如图1.51所示电路，计算电路中电流。

1.12　已知如图1.52所示电路，计算电路中的电压 U_s、U_1、U_2、I_1。

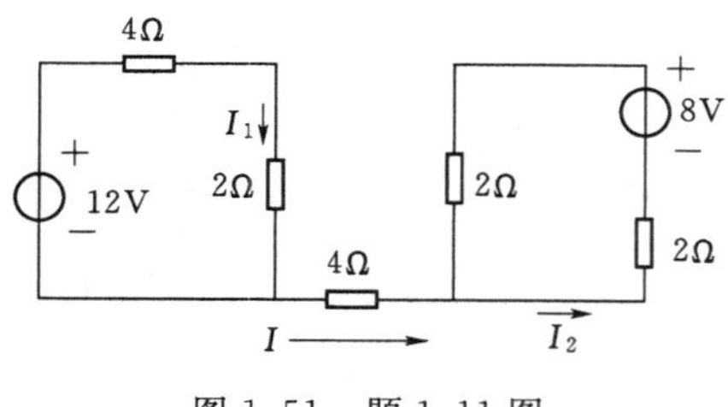

图1.51　题1.11图

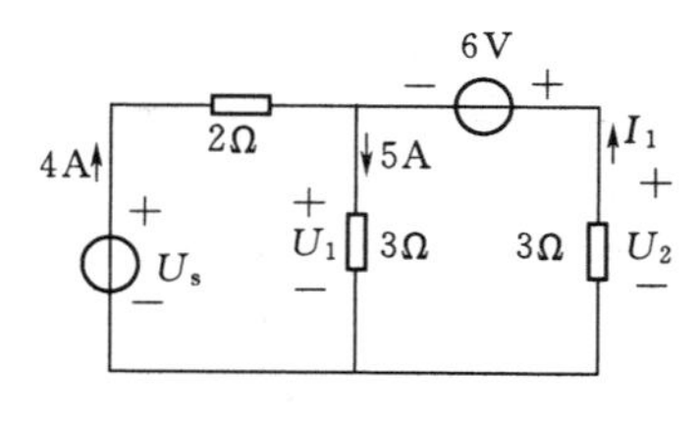

图1.52　题1.12图

1.13　已知电视机的额定工作电压为220V，工作时电流为0.75A，若电视机一天开机时间大概为8h，计算电视机的电功率，一个月30天消耗的电能是多少？

1.14　电烙铁功率标牌上有部分文字无法辨认。如果功率为30W，电流为0.272A，该电烙铁的额定电压为多大？

1.15　一只广播接收机的功率为6W，每天使用2小时15分钟。计算每月（30天）消耗的电能。

1.16　起重磁铁线圈的电压为220V，电流为7.2A，试求线圈的电功率。

1.17　额定电压为220V的白炽灯功率分别为40W、60W、100W时，所对应的额定电流和阻值分别为多大？

1.18　一只直流电动机在满负荷时的功率消耗为8kW，如果在此状态下，电机工作3小时30分钟，所消耗的电能为多大？

1.19　一只广播接收机的功率为6W，每天使用2小时15分钟。计算每月（30天）所做的电功。

1.20　功率为25W、40W、75W的白炽灯耗电1kW·h，所需的时间各为多长？

1.21　一只起重电动机的功率为11kW，工作时间为2小时10分钟。计算所消耗的电能。

1.22　一个继电器线圈的阻值为1200Ω，线圈上的电流为7mA。计算：①继电器的消耗功率；②电压为多大时电流为10mA？

1.23　如图1.53所示电路，试计算电路中的电流 I、电压 U、电阻 R 以及各电阻的功率。

1.24　如图1.54所示电路，计算电路中的电压 U 与电阻 R。

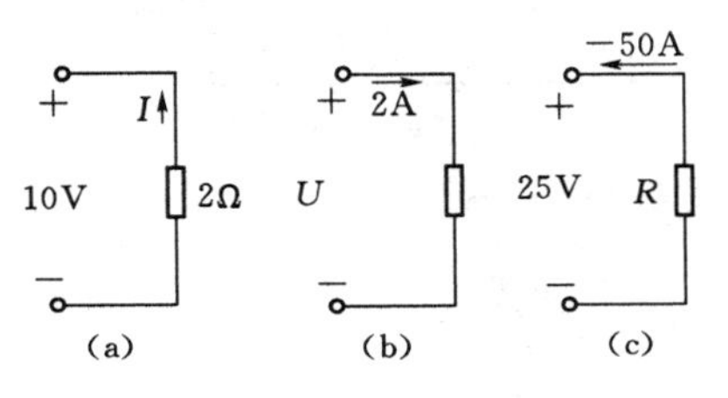

图1.53　题1.23图

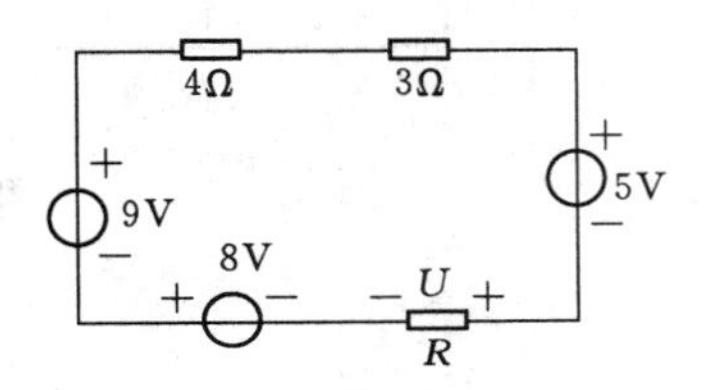

图1.54　题1.24图

1.25　已知两个电容分别为40μF、20μF，充电后电压分别为100V与50V，若将两个电容并联后的等效电容为多少？并联后电压为多少？

1.26　已知三个电容的分别为 $C_1=20\mu F$、$C_2=10\mu F$、$C_3=30\mu F$，串联后接入电压 $U=100V$ 的电路中，求串联后等效电容为多少？此时每个电容两端电压为多少？

1.27　已知电感 $L=200mH$，通过电流为 $i=110\sin\omega t\,A$，求电路中电感元件两端的电压及其能储存最大的能量值为多少。

1.28　如图1.55所示电路中，求电路中的电流与电阻。

1.29　如图1.56所示电路中，求解电路中各支路的电流。

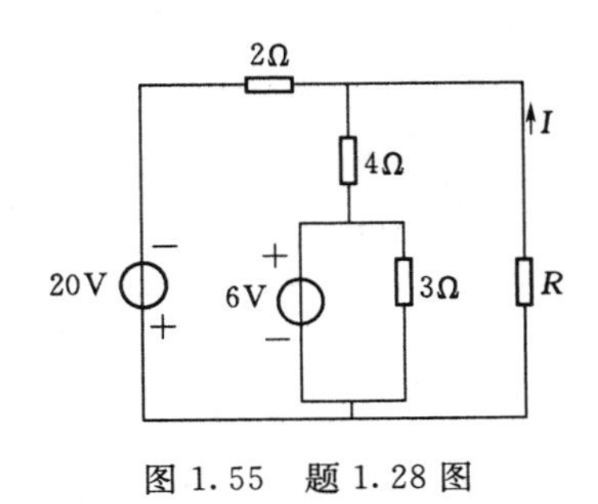

图1.55　题1.28图

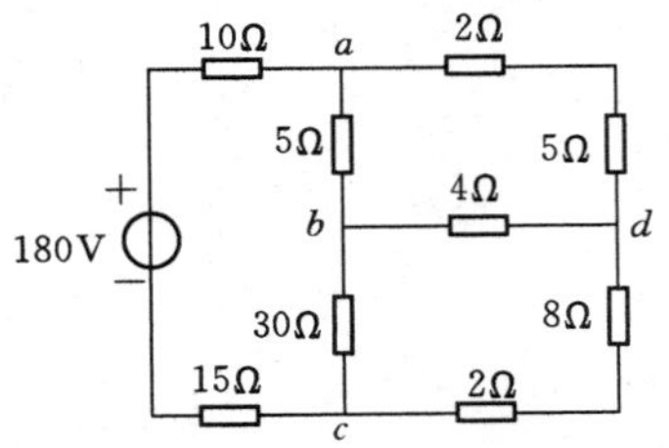

图1.56　题1.29图

1.30　如图1.57所示电路中，已知电灯泡的额定电压为12V，额定电流为200mA，试问当灯泡能够正常工作时，U_s 为多大。

1.31　如图1.58所示电路中，$U_1=20V$，试分析电路中的电流 I 与电压 U。

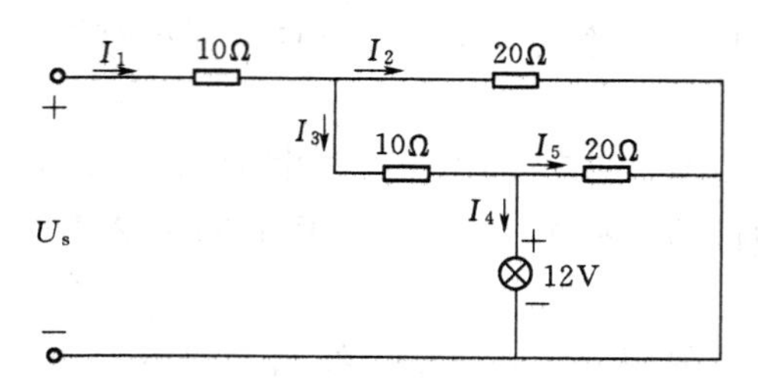

图 1.57　题 1.30 图

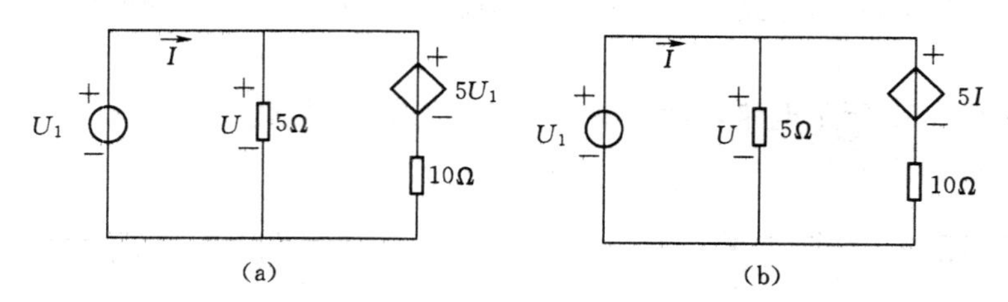

图 1.58　题 1.31 图

第 2 章　直流电阻电路的分析

学习目标：

(1) 掌握电阻的串联、并联及混联电路的分析。

(2) 理解等效电路的概念，掌握电源等效变换的基本方法及应用。

(3) 掌握直流电路的一般分析方法，包括支路电流法、网孔电流法、节点电位法。

(4) 理解电路分析中常用的定理，包括叠加定理、戴维南定理及诺顿定理。

(5) 能熟练使用电路分析方法及定理对电路进行综合分析。

2.1　电路的等效变换及电阻的串联、并联和混联

2.1.1　电路的等效变换

对复杂电路进行分析与计算时，可选择用一个简单电路替代原电路中的部分电路，达到简化电路的目的。为了不改变原电路的特性，所选择的代替电路必须等价于原来的电路，称之为等效电路；否则，等效就毫无意义。等效电阻电路如图 2.1 所示。对于原电路中虚线框内的部分可以用一个电阻 R_{eq} 来代替，这样就使得原来比较复杂的电路变得简单了。而 R_{eq} 称为等效电阻，其值由原电路中的四个电阻阻值决定，而电路左侧未被等效的电路则保持原电路状态。

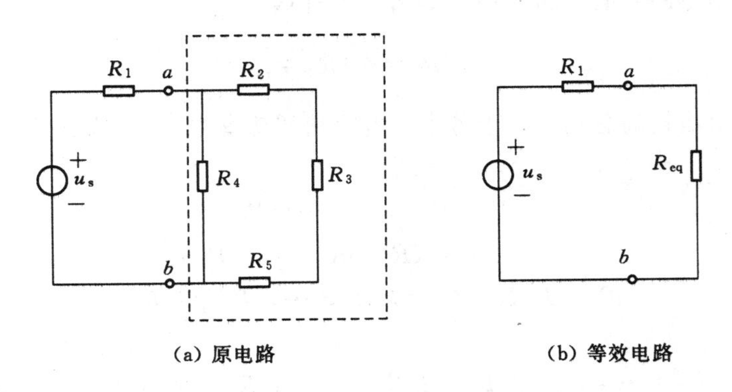

(a) 原电路　　(b) 等效电路

图 2.1　等效电阻电路

在利用电路等效变换分析电路时，等效一词是对外电路而言的。也就是说，此时未被替代部分的电压和电流应该保持不变，即等效电路以外的电压电流保持不变，而等效电路内部并不等效。即“对外等效，对内不等效”。

2.1.2　电阻的串联及其特点

若干个电阻顺序相连，构成一条电路通路，通过各电阻的电流相等，这样的连接方式称为电阻的串联，如图 2.2 所示。

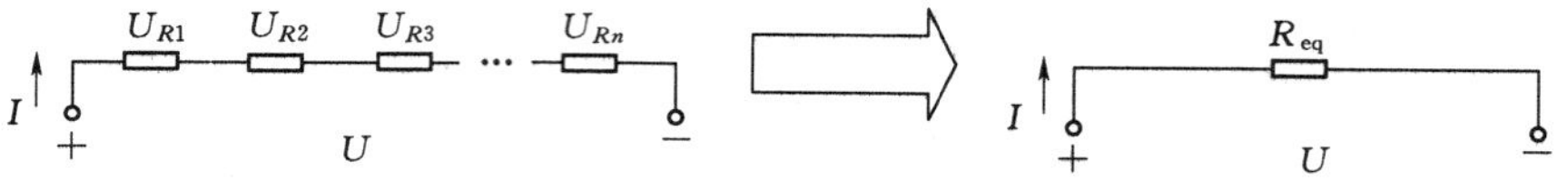

图 2.2　电阻的串联及其等效电路

设电流电压方向为关联参考方向，分析图 2.2 可知：

$$U_{R1}=IR_1,U_{R2}=IR_2,U_{R3}=IR_3\cdots U_{Rn}=IR_n$$

根据 KVL 可得

$$\begin{aligned}U&=U_{R1}+U_{R2}+U_{R3}+\cdots+U_{Rn}\\&=I(R_1+R_2+R_3+\cdots+R_n)\\&=IR_{eq}\end{aligned}$$

而

$$R_{eq}=\frac{U}{I}$$

可得

$$R_{eq}=\frac{U}{I}=R_1+R_2+R_3+\cdots+R_n$$

由此可知串联电路的特点如下：

(1) 等效电阻等于各串联电阻之和：$R_{eq}=R_1+R_2+R_3+\cdots+R_n=\sum_{i=1}^{n}R_i$ 。

(2) 电阻串联后，通过各电阻的电流为同一电流 I。

(3) 电阻串联的总电压等于各电阻电压之和：

$$U=U_{R1}+U_{R2}+U_{R3}+\cdots+U_{Rn}$$

(4) 串联电阻电路具有分压作用，如图 2.1 所示。

$$U_{Rk}=IR_k=\frac{U}{R_{eq}}R_k=\frac{R_k}{R_{eq}}U$$

(5) 串联电阻消耗的总功率等于各串联电阻消耗功率之和，串联电阻消耗的功率与电阻值成正比。

$$\begin{aligned}P&=P_1+P_2+\cdots+P_n\\&=I^2(R_1+R_2+\cdots+R_n)\end{aligned}$$

而

$$P_1=I^2R_1,\ P_2=I^2R_2,\ \cdots,\ P_n=I^2R_n$$

则有

$$P_1:P_2:\cdots:P_n=I^2R_1:I^2R_2:\cdots:I^2R_n=R_1:R_2:\cdots:R_n$$

【例 2.1】 如图 2.3 所示的分压电路中，$R_1=R_3=330\Omega$，R_2 为一电位器（即有一个滑动接点，通过接点改变电阻比值，以达到调节电位 U_O 的目的）。图 2.3 中分压器电路中，$R_2=470\Omega$，输入电压 $U_I=15V$。试求：

(1) 输出电压 U_O 的变化范围；(2) 分压器回路总电流；(3) 分压器回路消耗的总功率。(结果保留两位小数)。

解：(1) 电位器 R_2 的滑动接点调至最低点时，U_O 由 R_3 上分压输出，由分压公式可得

$$U_O=\frac{R_3}{R_1+R_2+R_3}U_I=\frac{330}{330+470+330}\times 15=4.38(\mathrm{V})$$

调节 R_2 滑动接点至最高位置，U_O 由 R_2 和 R_3 串联后分压输出，则为

$$U_O=\frac{R_2+R_3}{R_1+R_2+R_3}U_I=\frac{470+330}{330+470+330}\times 15=10.62(\mathrm{V})$$

由此可见，输出电压 U_O 的变化范围为 4.38～10.62V。

图 2.3 ［例 2.1］题图

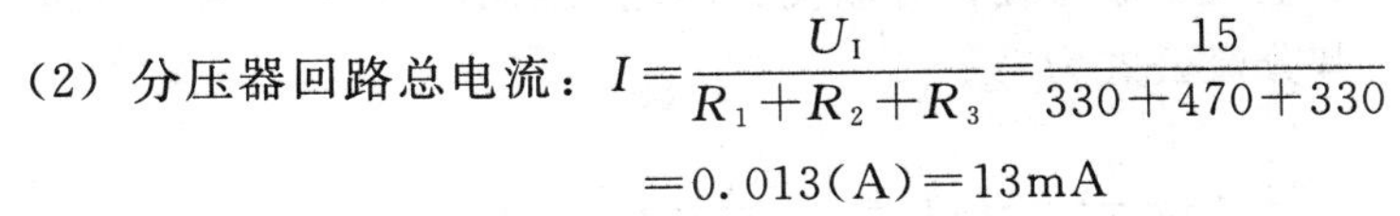

(2) 分压器回路总电流：$I=\dfrac{U_I}{R_1+R_2+R_3}=\dfrac{15}{330+470+330}$

$$=0.013(\mathrm{A})=13\mathrm{mA}$$

(3) 分压器回路消耗的总功率：$P=IU_I=0.013\times 15=0.20(\mathrm{W})$

2.1.3 电阻的并联及其特点

电路中将若干个电阻两端分别连在一起且各元件间具有相同端电压的二端网络，称为并联，如图 2.4 所示。

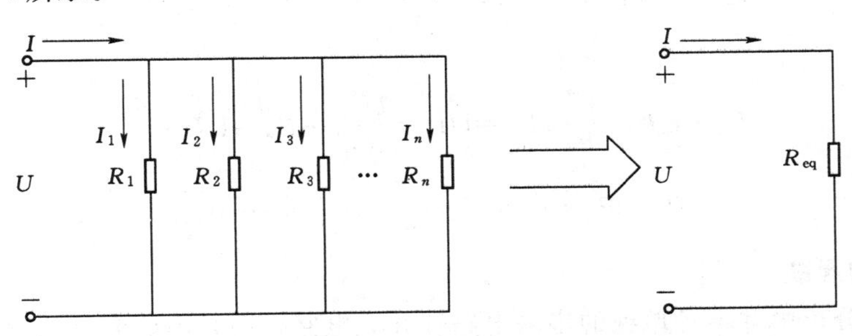

图 2.4 电阻的并联及其等效电路

对图 2.4 中各并联电阻分析，由欧姆定律可知

$$I_1=\frac{U}{R_1}=G_1U,I_2=\frac{U}{R_2}=G_2U,I_3=\frac{U}{R_3}=G_3U,\cdots I_n=\frac{U}{R_n}=G_nU$$

根据 KCL 定律，可知

$$\begin{aligned}I&=I_1+I_2+I_3+I_n\\&=\frac{U}{R_1}+\frac{U}{R_2}+\frac{U}{R_3}+\cdots+\frac{U}{R_n}=\left(\frac{1}{R_1}+\frac{1}{R_2}+\frac{1}{R_3}+\cdots+\frac{1}{R_n}\right)U=\frac{1}{R_{eq}}U\end{aligned}$$

也可用电导表示，即

$$I=(G_1+G_2+G_3+\cdots+G_n)U=G_{eq}U$$

由此可知，并联电阻电路的特点如下：

(1) n 个电阻并联后其等效电阻的倒数等于各并联电阻倒数之和，或并联电阻的等效电导等于各并联电导之和，即

$$\frac{1}{R_{eq}}=\frac{1}{R_1}+\frac{1}{R_2}+\frac{1}{R_3}+\cdots+\frac{1}{R_n}$$

也可用电导表示：$G_{eq}=G_1+G_2+G_3+\cdots+G_n$

（2）电阻并联后各电阻两端端电压是相同的。

（3）并联电阻电路的总电流等于各分电阻电流之和，即

$$I=I_1+I_2+I_3+I_n$$

（4）并联电阻电路具有分流功能，第 k 个并联电阻流过的电流为

$$I_k=\frac{U}{R_k}=\frac{IR_{eq}}{R_k}=\frac{R_{eq}}{R_k}I$$

上式称为分流公式。根据上式不难看出，并联支路的电阻越小，所分到的电流越大。

常用的两个电阻并联，其分流公式为

$$I_1=\frac{R_2}{R_1+R_2}I,I_2=\frac{R_1}{R_1+R_2}I$$

（5）并联电路消耗的总功率等于各分电阻所消耗功率之和。各分电阻所消耗的功率与它的电阻值成反比。

$$P=UI=U(I_1+I_2+I_3+I_n)=P_1+P_2+P_3+\cdots+P_n$$

即

$$P_1=UI_1=\frac{U^2}{R_1},P_2=UI_2=\frac{U^2}{R_2},\cdots P_n=UI_n=\frac{U^2}{R_n}$$

$$P_1:P_2:\cdots:P_n=\frac{1}{R_1}:\frac{1}{R_2}:\cdots:\frac{1}{R_n}$$

2.1.4　电阻的混联

实际电路分析中并不是单纯的串联电路和并联电路，而是串联和并联电路的混合连接电路，混合连接电路分析时，可以通过串并联的等效将混联电路进行分解，然后再进行分析与运算。

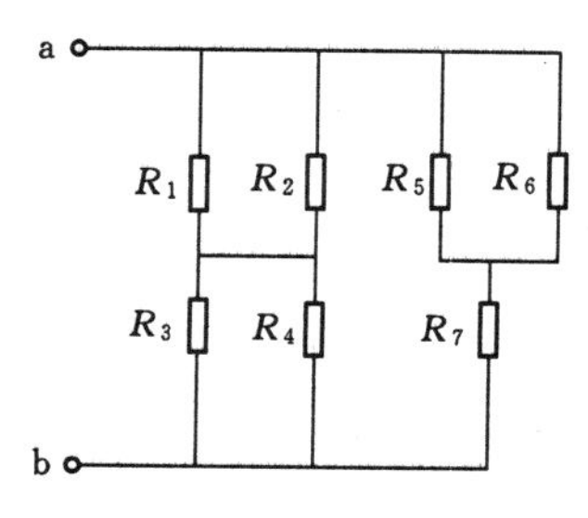

图 2.5　［例 2.2］题图

【例 2.2】　如图 2.5 所示，试求电路的等效电阻 R_{ab}。

解： 对电路图进行分析可知，R_1 与 R_2 并联，R_3 与 R_4 并联，然后再串联，R_5 与 R_6 并联后串联 R_7；最后两等效电阻再并联即是 R_{ab}。图 2.6 所示为该电路的简化过程。

故所求等效电阻为

$$R_{ab}=R_{14}/\!/R_{57}=(R_{12}+R_{34})/\!/(R_{56}+R_7)$$
$$=[(R_1/\!/R_2)+(R_3/\!/R_4)]/\!/[(R_5/\!/R_6)+R_7]$$

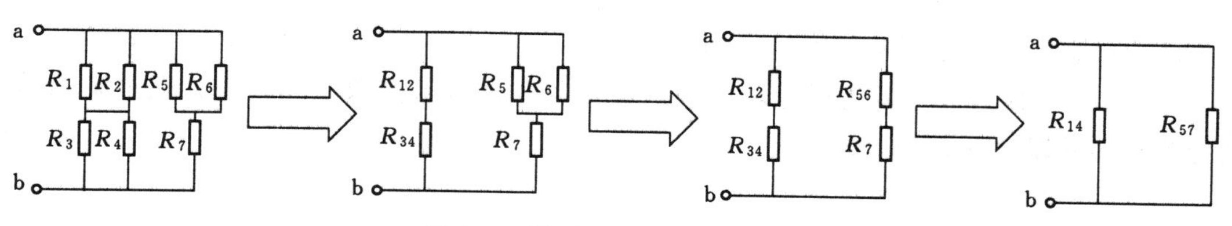

图 2.6　混联电阻电路简化过程

2.2　电阻的 Y 形连接和△形连接及其等效变换

在实际电路分析时，电阻的连接形式除了串联、并联、混联以外，还存在着都不属于以上三种的电路；此时，单纯利用电阻串联、并联、混联的方法是很难进行分析的。如图 2.7 所示。

图 2.8 所示电路为电阻的 Y 形连接和△形连接。

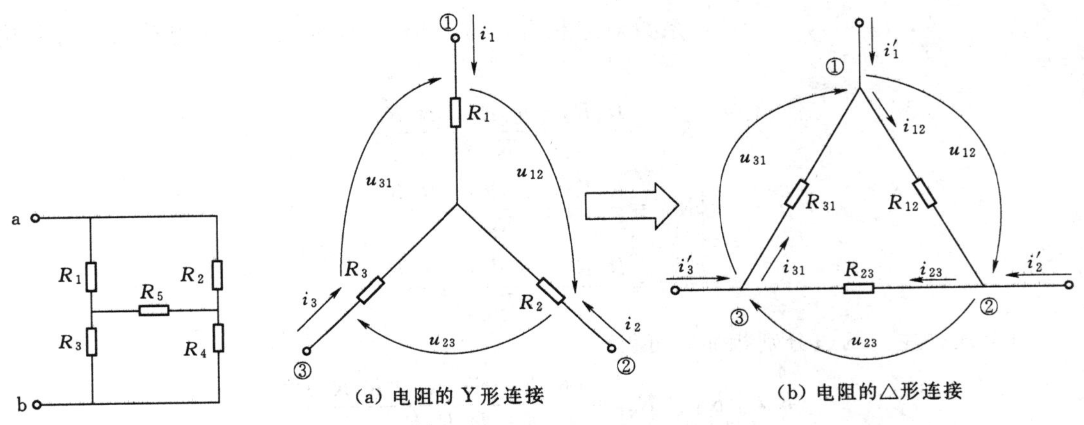

图 2.7　常用电桥电路

图 2.8　电阻电路的 Y 形连接和△形连接及其等效变换

对于图 2.7 所示电路而言，直接分析是不行的。此时需要将电路中的 R_1、R_3、R_5 组成的 Y 形连接电路等效为△形连接电路才能分析，即 Y-△等效变换，见图 2.8。

利用等效的概念，对应三个端子间的电压是相同的，而电流亦应该相等，即 $i_1=i'_1$，$i_2=i'_2$，$i_3=i'_3$。因此对于电阻的 Y 形连接，分别可以列出其 KVL 方程和 KCL 方程：

$$\begin{cases} i_1+i_2+i_3=0 \\ u_{12}=i_1R_1-i_2R_2 \\ u_{23}=i_2R_2-i_3R_3 \\ u_{31}=i_3R_3-i_1R_1 \end{cases}$$

可将电流求解出：

$$\begin{cases} i_1=\dfrac{R_3}{R_1R_2+R_2R_3+R_3R_1}u_{12}-\dfrac{R_2}{R_1R_2+R_2R_3+R_3R_1}u_{31} \\ i_2=\dfrac{R_1}{R_1R_2+R_2R_3+R_3R_1}u_{23}-\dfrac{R_3}{R_1R_2+R_2R_3+R_3R_1}u_{12} \\ i_3=\dfrac{R_2}{R_1R_2+R_2R_3+R_3R_1}u_{31}-\dfrac{R_1}{R_1R_2+R_2R_3+R_3R_1}u_{23} \end{cases}$$

当电阻△形连接时，对三角形三个顶点（节点）列写 KCL 方程：

$$\begin{cases} i'_1=i_{12}-i_{31} \\ i'_2=i_{23}-i_{12} \\ i'_3=i_{31}-i_{23} \end{cases}$$

而 $i_{12}=\dfrac{u_{12}}{R_{12}}$，$i_{23}=\dfrac{u_{23}}{R_{23}}$，$i_{31}=\dfrac{u_{31}}{R_{31}}$此时原 KCL 方程为

$$\begin{cases} i'_1=\dfrac{u_{12}}{R_{12}}-\dfrac{u_{31}}{R_{31}} \\ i'_2=\dfrac{u_{23}}{R_{23}}-\dfrac{u_{12}}{R_{12}} \\ i'_3=\dfrac{u_{31}}{R_{31}}-\dfrac{u_{23}}{R_{23}} \end{cases}$$

由 $i_1=i'_1$，$i_2=i'_2$，$i_3=i'_3$，系数对应相等，可求出 Y 形连接→△形连接后的等效电阻为

$$\begin{cases} R_{12}=\dfrac{R_1R_2+R_2R_3+R_3R_1}{R_3} \\ R_{23}=\dfrac{R_1R_2+R_2R_3+R_3R_1}{R_1} \\ R_{31}=\dfrac{R_1R_2+R_2R_3+R_3R_1}{R_2} \end{cases}$$

将上式中左右两边分别相加后可得到

$$R_{12}+R_{23}+R_{31}=\frac{(R_1R_2+R_2R_3+R_3R_1)^2}{R_1R_2R_3}$$

又因

$$R_{12}R_3=R_{23}R_1=R_{31}R_2=R_1R_2+R_2R_3+R_3R_1$$

此时分别将上式带入即可求出△形连接→Y 形连接后的等效电阻，为

$$\begin{cases} R_1=\dfrac{R_{12}R_{31}}{R_{12}+R_{23}+R_{31}} \\ R_2=\dfrac{R_{12}R_{23}}{R_{12}+R_{23}+R_{31}} \\ R_3=\dfrac{R_{23}R_{31}}{R_{12}+R_{23}+R_{31}} \end{cases}$$

因此可以简单总结为

$$\text{Y 形连接电阻}=\frac{\text{△形连接中两相邻电阻的乘积}}{\text{△形连接电阻之和}}$$

$$\text{△形连接电阻}=\frac{\text{Y 形连接中各电阻两两乘积之和}}{\text{Y 形连接不相邻的电阻}}$$

若 Y 形连接的三个电阻阻值相同，即 $R_Y=R_1=R_2=R_3$，此时等效为△连接后其阻值也是相等的：$R_{\triangle}=R_{12}=R_{23}=R_{31}=3R_Y$。

相反，若△形连接的三个电阻阻值相同，即 $R_{\triangle}=R_{12}=R_{23}=R_{31}$，此时等效为 Y 形连接后其阻值亦是相等的，即 $R_Y=R_1=R_2=R_3=\dfrac{1}{3}R_{\triangle}$。

【例 2.3】 如图 2.9 所示电路中，求出其总电阻 R_{ab}。

解： 由图 2.9 可知将电阻△形连接等效为 Y 形连接，按照等效计算公式可得

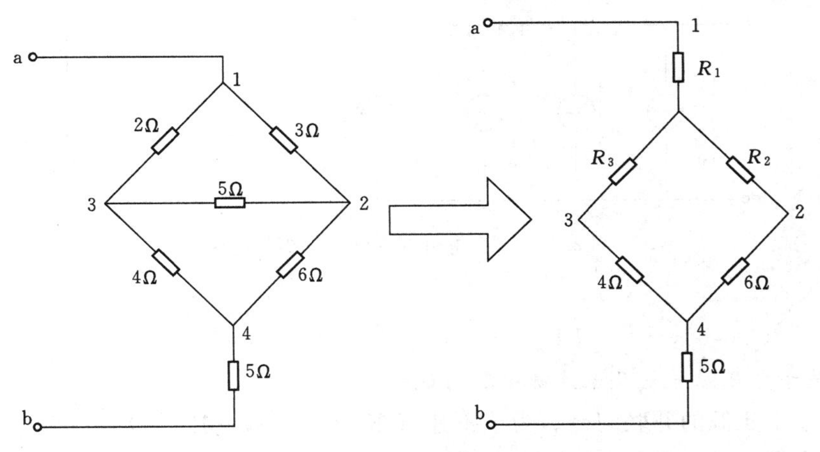

图 2.9 ［例 2.3］题图

$$R_1=\frac{2\times 3}{2+3+5}=0.6(\Omega)$$

$$R_2=\frac{3\times 5}{2+3+5}=1.5(\Omega)$$

$$R_3=\frac{2\times 5}{2+3+5}=1(\Omega)$$

此时便可以利用电阻串并联的分析方法求出总电阻 R_{ab} 为

$$R_{ab}=0.6+(5/\!/7.5)+5=0.6+3+5=8.6(\Omega)$$

2.3 电源的连接及实际电源模型的等效变换

2.3.1 电源的串并联

2.3.1.1 电压源的串联与电流源的并联

如图 2.10 所示，n 个电压源串联时，可以等效为一个电压源。等效的电压源的电压值应为每个电压源的代数和，与 u_s 方向相同时取“+”，方向相反时取“−”，即

$$u_s=u_{s1}+u_{s2}+u_{s3}+\cdots+u_{sn}=\sum_{i=1}^{n}u_{si}$$

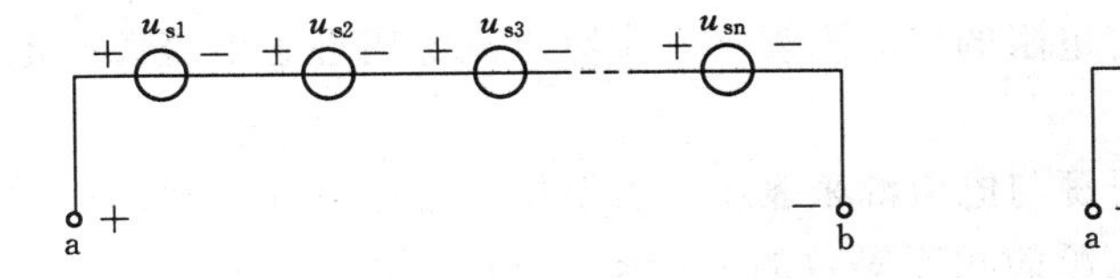

图 2.10 电压源串联及其等效电路

如电压源方向相反时，上式中的对应符号取“−”即可。

如图 2.11 所示，n 个电流源并联时，可以等效为一个电流源。等效电流源电流值也是各电流源的代数和，与 i_s 电流方向相同时，取“+”，相反时取“−”。即

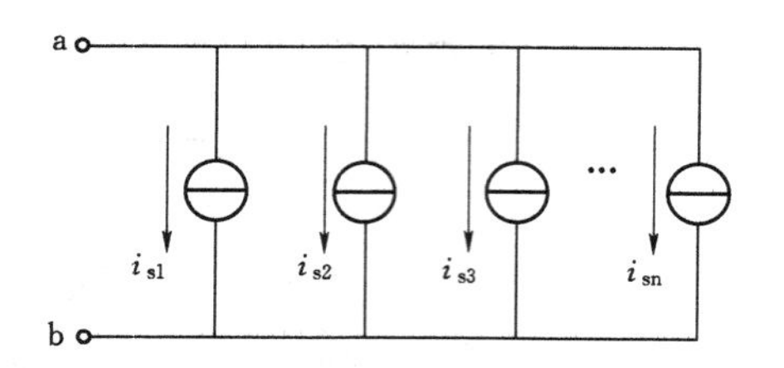

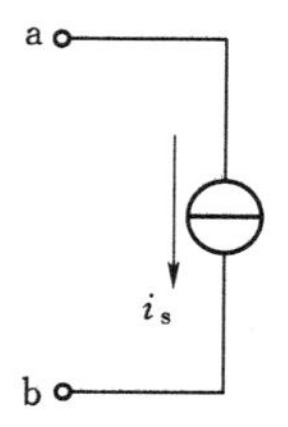

图 2.11　n 个电流源并联及其等效电路

$$i_s = i_{s1} + i_{s2} + i_{s3} + \cdots + i_{sn} = \sum_{k=1}^{n} i_{sk}$$

2.3.1.2　关于电压源并联及电流源串联的说明

(1) 关于电压源的并联问题。为了不违背 KVL，只有电压相等且方向一致的才能并联，其等效电源为其中任一电压源。

(2) 关于电流源串联问题。为了满足 KCL，只有大小和方向相同的电流源才能串联，等效电源即为其中任一电流源。

(3) 电路中任意电路元件与电压源并联时，都可等效为该电压源，如图 2.12 所示。

(4) 电路中任意电路元件与电流源串联时，都可等效为该电流源，如图 2.13 所示。

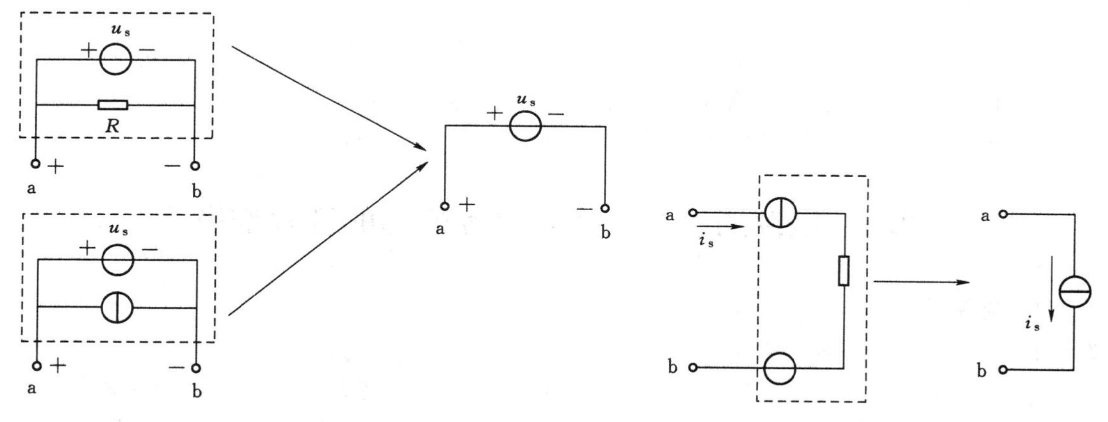

图 2.12　电压源并联任意元件及等效电路

图 2.13　电流源串联任意元件及其等效电路

2.3.2　实际电源模型及其等效变换

对于实际电压源与电流源进行分析时，需考虑电源本身的电阻（内阻），对于实际电压源模型，用理想电压源与电阻的串联来表示。实际电流源用理想电流源与电阻并联来表示，如图 2.14 所示。

一种电源可以通过电压源与电流源来表示。若电压源与电流源向外部提供的电压与电流相同，则可认为这两种电源的相互等效的。如图 2.14 所示，电路中虚线框内输出电压相同，电流也相同。即 $u=u'$，$i=i'$。

根据上式可以找出两种实际电源等效的关系。对图 2.14 中的电压源模型进行分析可得

$$u = U_s - Ri \Rightarrow i = \frac{U_s - u}{R} = \frac{U_s}{R} - \frac{u}{R}$$

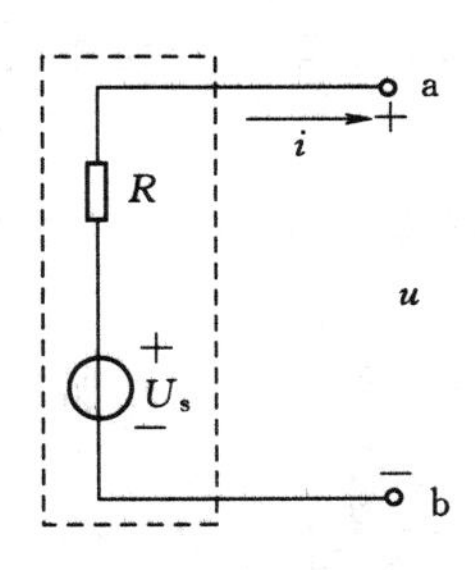

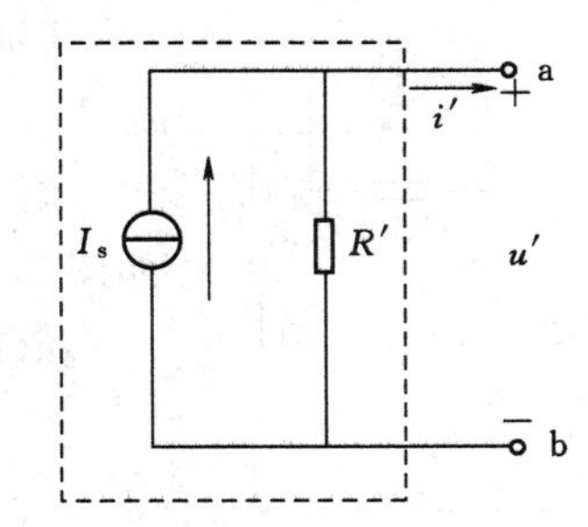

图 2.14 实际电压源模型与实际电流源模型

对图 2.14 中的电流源模型进行分析可得

$$i'=I_s-\frac{u'}{R'}$$

依据 $u=u'$，$i=i'$，可知

$$I_s=\frac{U_s}{R},R=R'$$

因此，实际电压源与实际电流源进行等效时，要注意是对外电路等效，内电路依然不等效。电压源与电流源等效时参考方向的对应关系，电流源的电流流出方向对应电压源的参考方向的正极。理想电压源与理想电流源之间是不可以进行等效变换的。

【例 2.4】 求出如图 2.15 所示的等效电路。

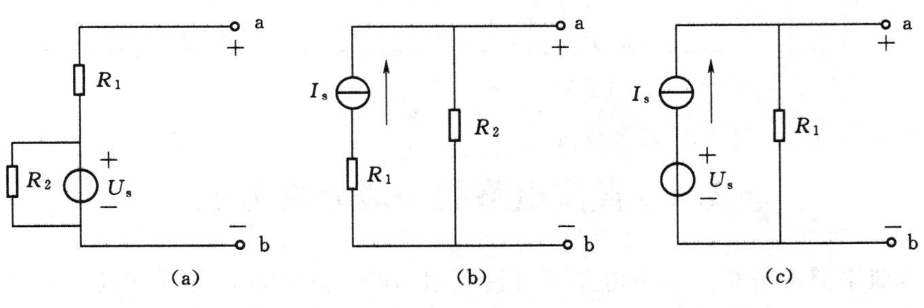

图 2.15 ［例 2.4］题图

解： 依据电流源与电压源的等效关系，电压源与任一元件并联可等效为当前电压源，电流源与任一元件串联可等效为当前电流源。由此可得图 2.15 的等效电路，如图 2.16 所示。

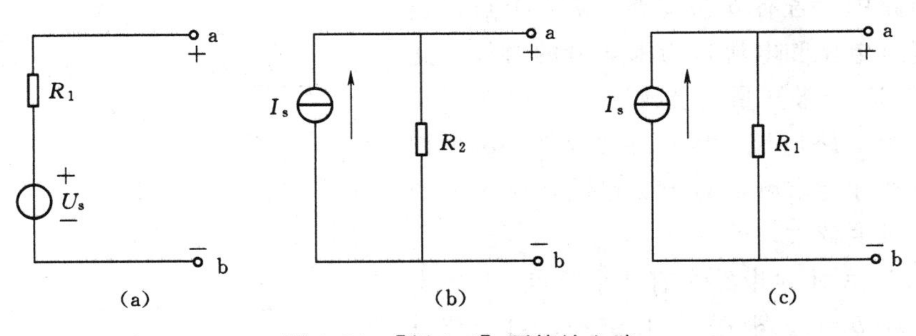

图 2.16 ［例 2.4］题等效电路

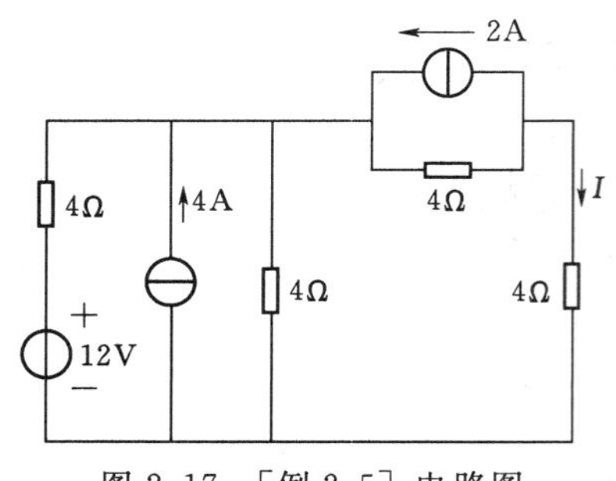

图 2.17 ［例 2.5］电路图

【例 2.5】 利用电源等效变换求出图 2.17 中的电流 I。

解： 由实际电源等效变换的原理可得到等效电路如图 2.18 所示。

依据化简后的电路可知，电路所求电流 I 为

$$I=\frac{6}{6+4}=0.6(\mathrm{A})$$

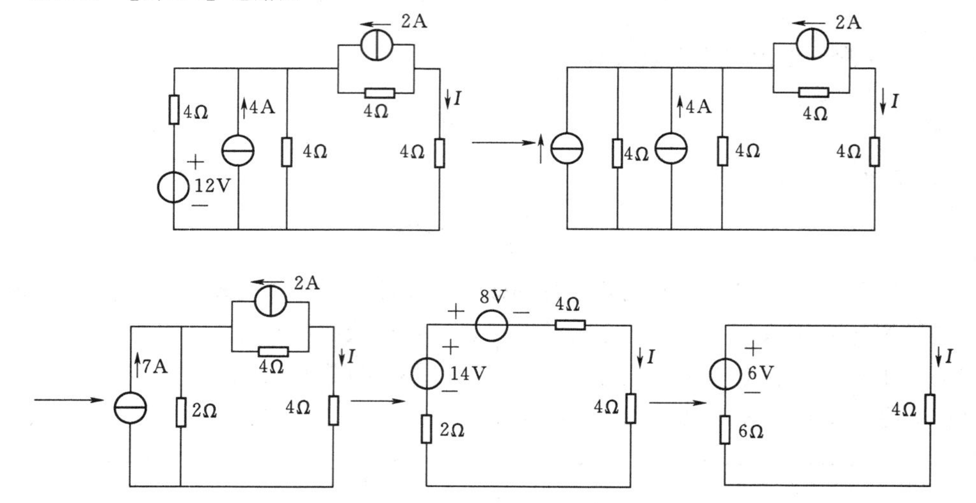

图 2.18 ［例 2.5］题等效电路

2.4　直流电路的一般分析方法

对于直流电路的分析，简单电路可直接利用串联、并联以及等效变换等方法来进行分析求解，但是对于复杂电路的分析，此种分析方法是失效的。因此需要找到一些分析方法，在不改变原来电路的结构基础上，利用 KCL 与 KVL 定理，结合元件的 VCR 关系，列写电路方程组来分析求解复杂电路。如支路电流法、网孔电流法、节点电位法等。

2.4.1　支路电流法

一个电路中，若有 b 条支路，n 个节点，当以支路变量（电压和电流）为未知量的时候，此时电路中有 $2b$ 个未知量需要求解，包括 b 个支路电压和 b 个支路电流，因此需要列写 $2b$ 个相互独立的方程才能求解，对于支路数量比较大的电路而言，难度较大。

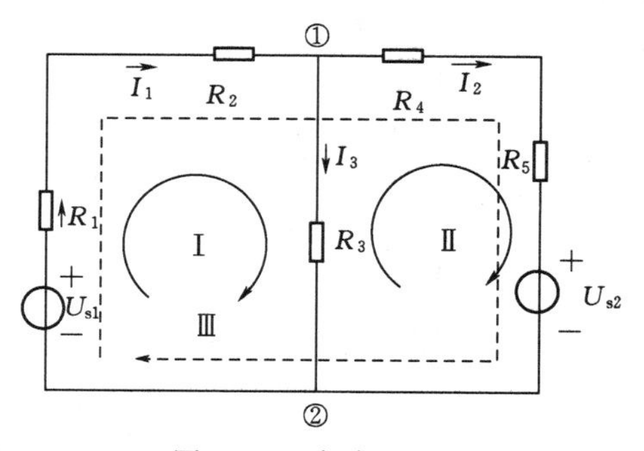

图 2.19　支路电流法

如图 2.19 所示，电路中有 2 个节点、3 条支路，即 $n=2$，$b=3$。根据 KCL 定理，对于节点①和②可列出节点电流方程：

节点①：$$I_1-I_2-I_3=0$$

节点②：$$-I_1+I_2+I_3=0$$

由此可知节点①与节点②的电路方程是一样的，故2个节点只有1个独立电流方程。

根据KVL定理，列写回路Ⅰ与Ⅱ的电压方程：

回路Ⅰ：$$-U_{s1}+I_1(R_1+R_2)+I_3R_3=0$$

回路Ⅱ：$$-I_3R_3+I_2(R_4+R_5)+U_{s2}=0$$

事实上，还可以选择整个回路，即回路Ⅲ列写KVL方程：

$$-U_{s1}+I_1(R_1+R_2)+I_2(R_4+R_5)+U_{s2}=0$$

此时发现回路Ⅲ的方程即为回路Ⅰ与回路Ⅱ方程的线性组合，因此上述三个回路方程中只有两个是相互独立的。在3条支路中只能有2个独立的KVL方程，即独立方程数为3－(2－1)＝2。

综上，对于有b条支路，n个节点的电路，独立的KCL方程数为$n-1$个；独立的KVL方程个数为$b-(n-1)$个；支路法分析电路需要列写的独立方程个数为：$n-1+b(n-1)=b$（个）。因此在此方法中发现，所列写方程数由原来的$2b$个减少为b个，此种方法就称为支路电流法。

支路电流法是以支路电流为未知量，依据基尔霍夫电流定律和基尔霍夫电压定律列出电路中的独立节点电流方程及独立回路电压方程，联立方程组然后求解，得出所要求计算的参数值。

如图2.19所示，列出其支路电流法的方程为

$$\begin{cases}I_1-I_2-I_3=0\\-U_{s1}+I_1(R_1+R_2)+I_3R_3=0\\-I_3R_3+I_2(R_4+R_5)+U_{s2}=0\end{cases}$$

求解出支路电流I_1、I_2、I_3即可。

因此，假如电路中有b条支路，n个节点，求解支路电流法的步骤可总结如下：

（1）选定各支路电流的参考方向，确定未知量即为支路个数b。

（2）根据KCL列写独立节点电流方程，方程个数为$n-1$个。

（3）电路中表明回路绕行方向，根据KVL列写独立回路电压方程，方程个数为$b-(n-1)$个。

（4）联立方程组，求解b条支路电流。

支路电流法要求b条支路电压均能以支路电流表示。当一条支路仅含电流源而不存在与之并联的电阻时，就无法将支路电压以支路电流表示。这种无并联电阻的电流源称为无伴电流源。当电路中存在这类支路时，必须加以处理后才能应用支路电流法。

【例2.6】 用支路电流法求解如图2.20所示电路中各支路电流。

解： 对于电路中含有无伴电流源的分析时，可增设电流源的电压为未知变量来分析电路。

假设电流源两端电压为U，方向见图2.20；支路电流为I_1、I_2、I_3，方向如图2.20所示。

可知：$$I_3=4\text{A}$$

对于节点①列写KCL方程：

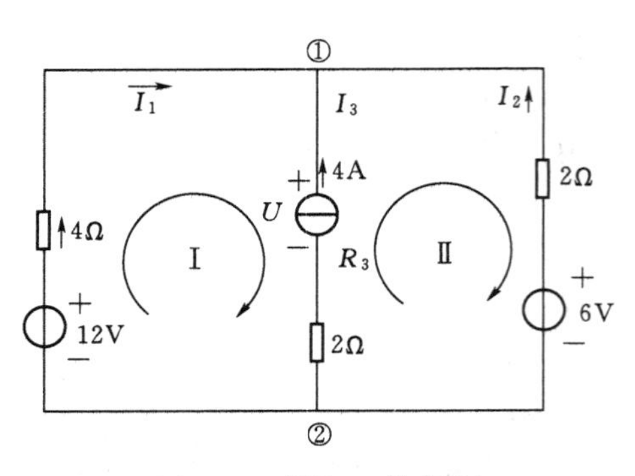

图 2.20 ［例 2.6］题图

$$I_1+I_2+I_3=0$$

即 $$I_1+I_2+4=0$$

选择网孔作为独立回路，回路绕行方向如图 2.20 所示，列写 KVL 方程：

$$-12+4I_1+U-2I_3=0$$

$$2I_3-U-2I_2+6=0$$

联立方程组：

$$\begin{cases}-12+4I_1+U-2I_3=0\\2I_3-U-2I_2+6=0\\I_1+I_2+I_3=0\\I_3=4\text{A}\end{cases}$$

求解： $$I_1=-\frac{1}{3}\text{A},I_2=-\frac{11}{3}\text{A},I_3=4\text{A}$$

同理：可使用避开电流源支路作为独立回路列写 KVL 方程，也可求解出支路电流。解析如下：

$$\begin{cases}-12+4I_1-2I_2+6=0\\I_1+I_2+4=0\end{cases}$$

可求得： $$I_1=-\frac{1}{3}\text{A},I_2=-\frac{11}{3}\text{A},I_3=4\text{A}$$

2.4.2　网孔电流法

以网孔电流作为未知量，利用 KVL 对网孔列写网孔电流方程，此种方法称为网孔电流法。以图 2.21 为例，分析网孔电流法的具体步骤。

如图 2.21 所示，对节点①列写 KCL 方程有

$$I_1-I_2-I_3=0$$

即 $$I_2=I_1-I_3$$

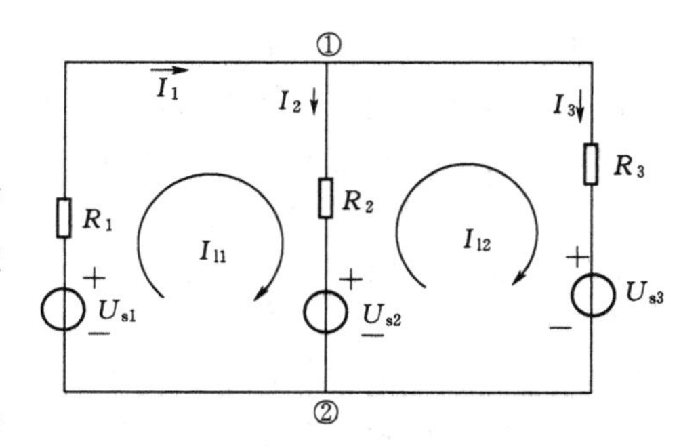

图 2.21　网孔电流法

可知电流 I_2 是由 I_1 与 I_3 决定，可假想两个电流 I_{11} 和 I_{12}，称这两个电流为网孔电流，依据电路中的参考方向可知，支路 1 只有 I_{11} 流经，即 $I_{11}=I_1$，支路 3 也只有 I_{13} 流经，即 $I_{12}=I_3$，但是支路 2 上同时流过了两个网孔的电流 I_{12} 与 I_{11}，根据其参考方向可知 $I_2=I_{11}-I_{12}$。由于利用电流法只需要列取 KVL 方程，KCL 方程自动满足，因此对于 n 个节点、b 条支路的电路而言，网孔电流法所需方程为独立网孔的 KVL 方程，无需列写 KCL 方程，方程数将会减少 $n-1$ 个。

对于网孔 1，选择电流方向为回路绕行方向，列写 KVL 方程：

$$R_1I_{11}+R_2I_{11}-R_2I_{12}+U_{s2}-U_{s1}=0$$

同理，对网孔 2 列写 KVL 方程：

$$-R_2I_{11}+R_2I_{12}+R_3I_{12}+U_{s3}-U_{s2}=0$$

整理后，得到网孔电流方程：

$$\begin{cases}(R_1+R_2)I_{l1}-R_2I_{l2}=U_{s1}-U_{s2}\\-R_2I_{l1}+(R_2+R_3)I_{l2}=U_{s2}-U_{s3}\end{cases}$$

为了规范网孔电流法方程的书写，特作以下规定：

(1) 令 $R_{11}=R_1+R_2$、$R_{22}=R_2+R_3$ 代表网孔 1 与网孔 2 的自电阻，分别等于各网孔中所有电阻之和，自电阻总取正。

(2) 令 $R_{12}=R_{21}=-R_2$ 代表网孔 1 与网孔 2 的互电阻；当通过网孔 1 和网孔 2 共同电阻上的两个网孔电流参考方向一致时，互电阻取正，网孔电流的参考方向不同时取负，通常互电阻总取负。

(3) 令 $U_{s11}=U_{s1}-U_{s2}$ 表示网孔 1 中所有电压源的代数和，$U_{s22}=U_{s2}-U_{s3}$ 表示网孔 2 中所有电压源的代数和，各电压源的方向与网孔电流方向一致时取“+”号，反之取“-”号。

由此可得到图 2.21 的网孔电流方程的标准形式为

$$\begin{cases}R_{11}I_{l1}-R_{12}I_{l2}=U_{s11}\\-R_{21}I_{l1}+R_{22}I_{l2}=U_{s22}\end{cases}$$

因此可将该形式推广至 m 个网孔的电阻电路，其网孔电流方程为

$$\begin{cases}R_{11}I_{l1}+R_{12}I_{l2}+R_{13}I_{l3}+\cdots+R_{1m}I_{lm}=U_{s11}\\R_{21}I_{l1}+R_{22}I_{l2}+R_{23}I_{l3}+\cdots+R_{2m}I_{lm}=U_{s22}\\\qquad\vdots\\R_{m1}I_{l1}+R_{m2}I_{l2}+R_{m3}I_{l3}+\cdots+R_{mm}I_{lm}=U_{smm}\end{cases}$$

对于网孔电流法的方程列写的一般步骤如下：

(1) 选择并标注网孔电流参考方向，并以此方向作为回路绕行方向。

(2) 分别找出各网孔的自电阻与互电阻，注意其方向。

(3) 求解各网孔中电压源的代数和。

(4) 依据网孔电流的标准形式列写方程组。

(5) 求解网孔电流，并依据网孔电流求解各支路电路和其他待求的未知量。

【例 2.7】 用网孔电流法求解如图 2.22 所示电路中各支路电流。

解： 选取网孔电流为 I_{l1}、I_{l2}、I_{l3}，方向如图 2.22 所示。

求各网孔的自电阻及互电阻：

$$R_{11}=6+2=8(\Omega),R_{22}=2+4=6(\Omega),$$
$$R_{33}=4+4=8(\Omega)$$

$$R_{12}=R_{21}=-2\Omega,R_{13}=R_{31}=0,$$
$$R_{23}=R_{32}=-4\Omega$$

求各网孔的电源代数和：

$$U_{s11}=18-7=11(\text{V}),U_{s22}=7\text{V},U_{s33}=-2\text{V}$$

按照网孔电流方程的规则即可将网孔电流方程列出：

$$\begin{cases}8I_{l1}-2I_{l2}=11\\-2I_{l1}+6I_{l2}-4I_{l3}=7\\-4I_{l2}+8I_{l3}=-2\end{cases}$$

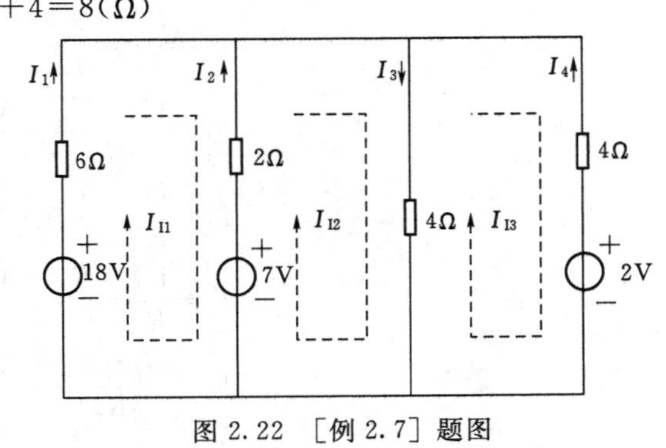

图 2.22 [例 2.7] 题图

解方程组，可得：$I_{l1}=2\text{A}$，$I_{l2}=2.5\text{A}$，$I_{l3}=1\text{A}$

根据图 2.22，可求得电路中各支路电流：

$$I_1=I_{l1}=2\text{A},I_2=I_{l2}-I_{l1}=0.5(\text{A}),I_3=I_{l2}-I_{l3}=1.5(\text{A}),I_4=-I_{l3}=-1\text{A}$$

网孔电流法仅适用于平面电路，对于非平面电路则不适用，所以常常利用回路电流法来分析非平面电路，且回路电流法亦可以分析平面电路。可见回路电流法的适用性比较强。

回路电流法中，假设在一个回路中连续流动着回路电流，以一组独立回路电流作为变量列写方程求解支路电流及其他未知量的方法。

其列写方法与网孔电流法类似，在此不再赘述。

2.4.3　节点电位法

电路中选择任一节点作为零参考点，其余节点与该参考点之间的电压称为节点电位。以节点电位作为电路的未知量，将各支路电流用节点电位来表示，根据基尔霍夫电流定律列写 KCL 方程求解电路中未知量的方法称为节点电位法。

对于 n 个节点、b 条支路的电路而言，只能列写出 $n-1$ 个独立节点的 KCL 方程。若电流用节点位表示，就有 $n-1$ 个节点电位的独立方程。通过节点电位方程求出节点电压，即可求出电路中各支路电流等。此时就不管电路中支路数量，只需列出独立节点的 KCL 方程，此种方法适用于节点数量少而支路比较多的电路。

以图 2.23 为例，采用节点电位法分析电路。选择节点 0 作为参考点，则节点 1、2、3 均为独立节点，其节点电位分别设为 V_{n1}、V_{n2}、V_{n3}；各支路电压用 U_1、U_2、U_3、U_4、U_5、U_6 表示，可知：

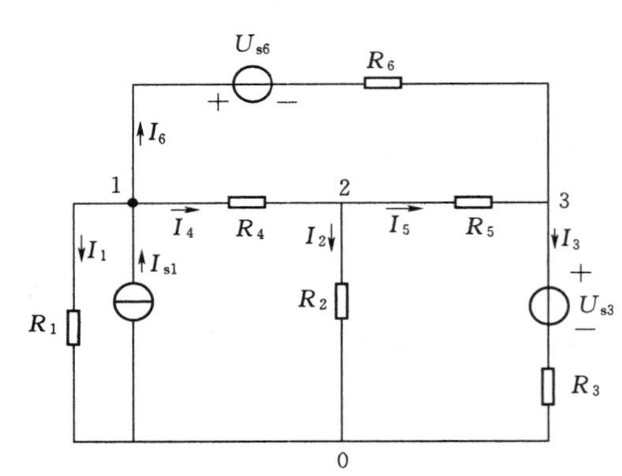

图 2.23　节点电位法

$$U_1=V_{n1}$$
$$U_2=V_{n2}$$
$$U_3=V_{n3}$$
$$U_4=V_{n1}-V_{n2}$$
$$U_5=V_{n2}-V_{n3}$$
$$U_6=V_{n1}-V_{n3}$$

各支路电流即可用节点电位表示：

$$\begin{cases} I_1=\dfrac{U_1}{R_1}=\dfrac{V_{n1}}{R_1} \\ I_2=\dfrac{U_2}{R_2}=\dfrac{V_{n2}}{R_2} \\ I_3=\dfrac{U_3-U_{s3}}{R_3}=\dfrac{V_{n3}-U_{s3}}{R_3} \\ I_4=\dfrac{U_4}{R_4}=\dfrac{V_{n1}-V_{n2}}{R_4} \\ I_5=\dfrac{U_5}{R_5}=\dfrac{V_{n2}-V_{n3}}{R_5} \\ I_6=\dfrac{U_6-U_{s6}}{R_6}=\dfrac{V_{n1}-V_{n3}-U_{s6}}{R_6} \end{cases}$$

对节点 1、2、3 列写 KCL 方程：

$$\begin{cases} I_1+I_4+I_6=I_{s1} \\ I_2-I_4+I_5=0 \\ I_3-I_5-I_6=0 \end{cases}$$

代入节点电位，得到

$$\begin{cases} \dfrac{V_{n1}}{R_1}+\dfrac{V_{n1}-V_{n2}}{R_4}+\dfrac{V_{n1}-V_{n3}-U_{s6}}{R_6}=I_{s1} \\ \dfrac{V_{n2}}{R_2}-\dfrac{V_{n1}-V_{n2}}{R_4}+\dfrac{V_{n2}-V_{n3}}{R_5}=0 \\ \dfrac{V_{n3}-U_{s3}}{R_3}-\dfrac{V_{n2}-V_{n3}}{R_5}-\dfrac{V_{n1}-V_{n3}-U_{s6}}{R_6}=0 \end{cases}$$

整理后得

$$\begin{cases} \left(\dfrac{1}{R_1}+\dfrac{1}{R_4}+\dfrac{1}{R_6}\right)V_{n1}-\dfrac{1}{R_4}V_{n2}-\dfrac{1}{R_6}V_{n3}=I_{s1}+\dfrac{U_{s6}}{R_6} \\ -\dfrac{1}{R_4}V_{n1}+\left(\dfrac{1}{R_2}+\dfrac{1}{R_4}+\dfrac{1}{R_5}\right)V_{n2}-\dfrac{1}{R_5}V_{n3}=0 \\ -\dfrac{1}{R_6}V_{n1}-\dfrac{1}{R_5}V_{n2}+\left(\dfrac{1}{R_3}+\dfrac{1}{R_5}+\dfrac{1}{R_6}\right)V_{n3}=\dfrac{U_{s3}}{R_3}-\dfrac{U_{s6}}{R_6} \end{cases}$$

用电导 $G=\dfrac{1}{R}$ 表示为

$$\begin{cases} (G_1+G_4+G_6)V_{n1}-G_4V_{n2}-G_6V_{n3}=I_{s1}+G_6U_{s6} \\ -G_4V_{n1}+(G_2+G_4+G_5)V_{n2}-G_5V_{n3}=0 \\ -G_6V_{n1}-G_5V_{n2}+(G_3+G_5+G_6)V_{n3}=G_3U_{s3}-G_6U_{s6} \end{cases}$$

由图 2.23 可知，节点 1 中 $G_1+G_4+G_6$ 是该节点连接的所有电导之和，令 $G_{11}=G_1+G_4+G_6$ 称为自电导，自电导总取正。节点 1 与节点 2 之间相连接的电导用 $G_{12}=G_{21}=-G_4$，节点 2 与节点 3 之间的电导用 $G_{23}=G_{32}=-G_5$，节点 3 与节点 1 之间的电导用 $G_{13}=G_{31}=-G_6$，称为节点间的互电导，互电导总取负。

令 $I_{s11}=I_{s1}+G_6U_{s6}$，称为流入节点 1 的电流源的代数和，流入该节点取正，流出该节点取负。其中，电压源 U_{s6} 与 R_6 串联可以等效为电流源与电阻并联，因此 G_6U_{s6} 正是电流值。用 I_{s11}、I_{s22}、I_{s33} 表示流入节点电流的代数和。

因此上式可写成标准形式：

$$\begin{cases} G_{11}V_{n1}-G_{12}V_{n2}-G_{13}V_{n3}=I_{s11} \\ G_{12}V_{n1}+G_{22}V_{n2}-G_{23}V_{n3}=0 \\ -G_{31}V_{n1}-G_{32}V_{n2}+G_{33}V_{n3}=I_{s33} \end{cases}$$

当电路中含有受控源时，互电导 $G_{ij}\neq G_{ji}$，此时需另行处理。

由上式推广到 $n-1$ 个独立节点电路的节点电位方程为

$$\begin{cases}G_{11}V_{n1}+G_{12}V_{n2}+G_{13}V_{n3}+\cdots+G_{1(n-1)}V_{n(n-1)}=I_{s11}\\G_{12}V_{n1}+G_{22}V_{n2}+G_{23}V_{n3}\cdots+G_{2(n-1)}V_{n(n-1)}=I_{s22}\\G_{31}V_{n1}+G_{32}V_{n2}+G_{33}V_{n3}\cdots+G_{3(n-1)}V_{n(n-1)}=I_{s33}\\\vdots\\G_{(n-1)1}V_{n1}+G_{(n-1)2}V_{n2}+G_{(n-1)3}V_{n3}\cdots+G_{(n-1)(n-1)}V_{n(n-1)}=I_{s(n-1)(n-1)}\end{cases}$$

利用节点电位方程求得节点电位以后，利用欧姆定律等即可求得各支路电流。

【例 2.8】 利用节点电位法求解图 2.24 电路中各支路电流。

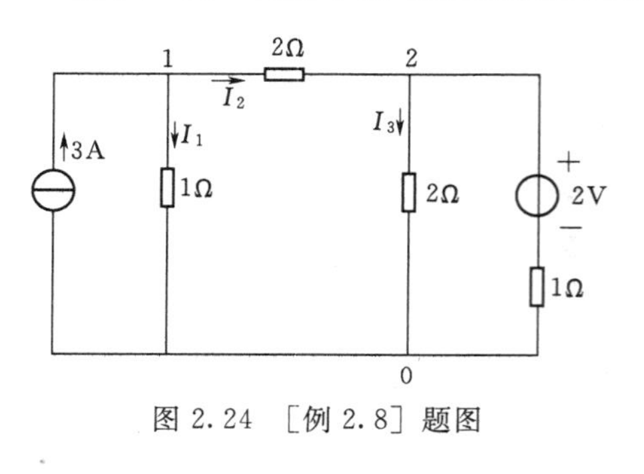

图 2.24 [例 2.8] 题图

解：选取 0 节点作为参考点，1、2 为独立节点，设其电位分别为 V_{n1}、V_{n2}：

节点 1 的自导为　$G_{11}=1+\frac{1}{2}=\frac{3}{2}S$

节点 2 的自导为　$G_{22}=1+\frac{1}{2}+\frac{1}{2}=2S$

节点 1 与 2 的互导为　$G_{12}=G_{21}=\frac{1}{2}S$

列写节点电位方程：

$$\begin{cases}\frac{3}{2}V_{n1}-\frac{1}{2}V_{n2}=3\\-\frac{1}{2}V_{n1}+2V_{n2}=2\end{cases}$$

求解得

$$V_{n1}=\frac{28}{11}V,\ V_{n2}=\frac{18}{11}V$$

可求得电路中的支路电流：

$$I_1=\frac{V_{n1}}{1}=\frac{28}{11}(\mathrm{A}),I_2=\frac{V_{n1}-V_{n2}}{2}=\frac{5}{11}(\mathrm{A}),I_3=\frac{V_{n2}}{2}=\frac{9}{11}(\mathrm{A})$$

通过 [例 2.8]，可得节点电位法列写方程的一般步骤：

(1) 选定参考节点，且参考节点为各节点电压的负极性，其余节点对参考节点之间的电位就是节点电位。

(2) 求出各独立节点的自电导，总取正；互电导，总取负。

(3) 求出各独立节点中电流的代数和，注意若出现电压源与电阻串联情况，是需将电压源等效为电流源，电流源的方向是流入节点取正，流出节点取负。

(4) 列写节点电位方程，求解各独立节点电位，进而求出各支路电流。

当电路中有受控源或无伴电压源时需另行处理。

2.5 电路分析定理

在电路分析中还存在一些其他重要的定理。本节将重点介绍叠加定理、替代定理、戴维南定理及诺顿定理等。

2.5.1 叠加定理

在线性电路中，任一支路的电流或电压都是电路中各电源（电压源和电流源）单独作用时在该支路产生的电压与电流的代数和。

电源单独作用时，即此时电路中一个电源作用，其他电源不作用，此时电压源作短路处理，电流源作开路处理，其余元件不变；求出各电源单独作用后的分电流或分电压，最后将各分量叠加，即可得到共同作用的电流及电压。

下面以如图 2.25 为例来分析叠加定理的应用。电路中有电压源与电流源共同作用，要求解电路中的电流 I。

由叠加定理可分解为：

(1) 电压源单独作用，此时电流源开路，如图 2.26 (a) 所示。此时，求出电流的第一个分量：

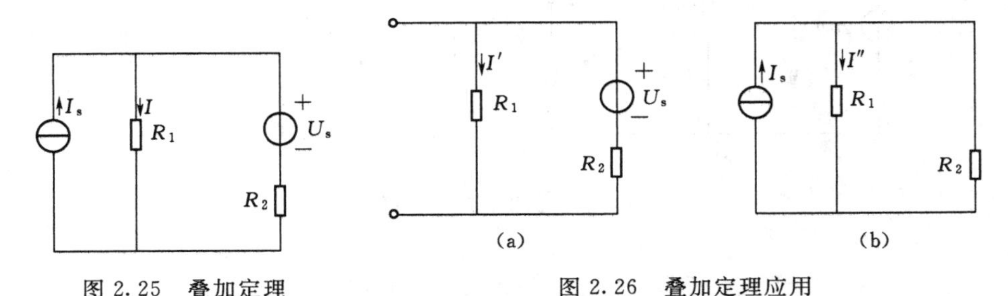

图 2.25　叠加定理　　　　图 2.26　叠加定理应用

$$I'=\frac{U_s}{R_1+R_2}$$

(2) 电流源单独作用，此时电压源短路，如图 2.26 (b) 所示。此时，根据分流公式，可得

$$I''=\frac{R_2}{R_1+R_2}I_s$$

(3) 叠加后得到

$$I=I'+I''=\frac{1}{R_1+R_2}U_s+\frac{R_2}{R_1+R_2}I_s$$

叠加定理在使用时，应该注意以下几点：

(1) 该定理仅适用于线性电路分析，非线性电路不适用。

(2) 各电源单独作用时，电路中其他电压源作短路处理，电流源作开路处理，电路中其他元件连接形式不变，电阻阻值不变。

(3) 叠加时各分电路中的电压和电流的参考方向若与原电路相同时，代数和时取正号，否则取负。

(4) 叠加定理仅限于电压与电流的叠加，不能用于计算电功率的叠加。

(5) 电路中含有受控源时，叠加定理使用时只是独立源使用，所有受控源需保留在电路中。

【例 2.9】 利用叠加定理求解如图 2.27 所示电路的电压 U。

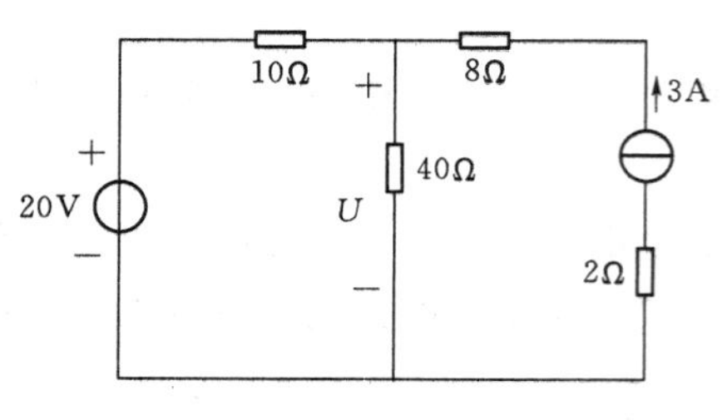

图 2.27 ［例 2.9］题

解：电压源与电流源单独作用后可得到如图 2.28 所示。

（1）20V 电压源单独作用电路如图 2.28（a）所示，利用分压公式得

$$U'=\frac{40}{40+10}\times 20=16(\mathrm{V})$$

（2）9A 电流源单独作用时，电路如图 2.28（b）所示，先利用分流公式，由于电流方向与电压方向为非关联方向，即可得到

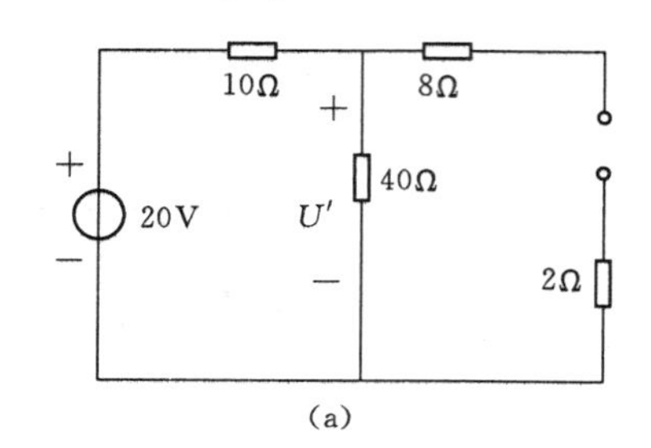

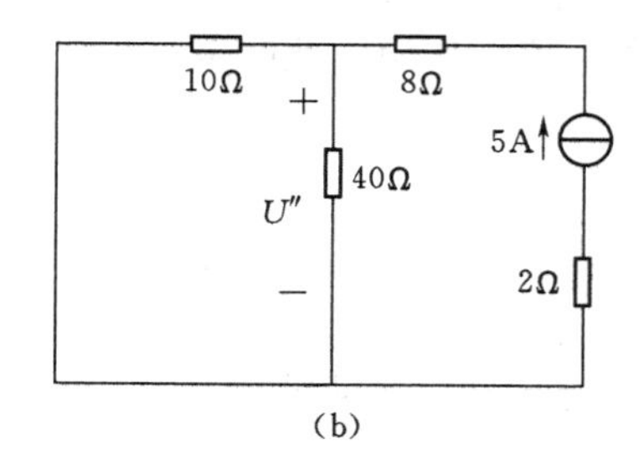

图 2.28 ［例 2.9］题分解

$$U''=-\frac{10\times 5}{40+10}\times 40=-40(\mathrm{V})$$

（3）将两个分电压叠加后，得

$$U=U'+U''=16-40=-24(\mathrm{V})$$

2.5.2　戴维南定理及诺顿定理

2.5.2.1　二端网络的概念

在电路分析中常将有一对对外接线端子的电路称为一端口网络，那么对于具有两对对外连接端子的电路称为二端口网络。根据二端口网络的内部是否含有电源将其分为有源二端网络和无源二端网络。用 N_s 表示有源二端网络，用 N_0 表示无源二端网络，如图 2.29 所示。

如图 2.29 所示，从 a、b 端口看进去时，端口间的等效电阻可按照电阻串、并及混联求得其值为 R_{eq} 即无源二端网络的电阻。有源二端网络与外电路连接时，会为外电路提供电能，此时可将此有源二端网络作为电压源或者电流源。

2.5.2.2　戴维南定理

戴维南定理是在线性电路中，将一个有源二端网络等效为一个电压源的定理。实际电路中用一个理想电压源 U_{oc} 与电阻 R_{eq} 串联的模型来等效替换。U_{oc} 称为开路电压，即有源二端网络 N_s 与外电路断开后端口的开路电压。R_{eq} 是有源二端网络变为无源二端网络后的等效电阻。二端网络的戴维南等效电路如图 2.30 所示。

将二端口网络电路分解后，使用戴维南定理分析电路的步骤如下：

（1）将待求支路断开，求有源二端网络的开路电压 U_{oc}。

（2）将有源二端网络化为无源二端网络后，此时将电压源作短路处理、电流源作开路

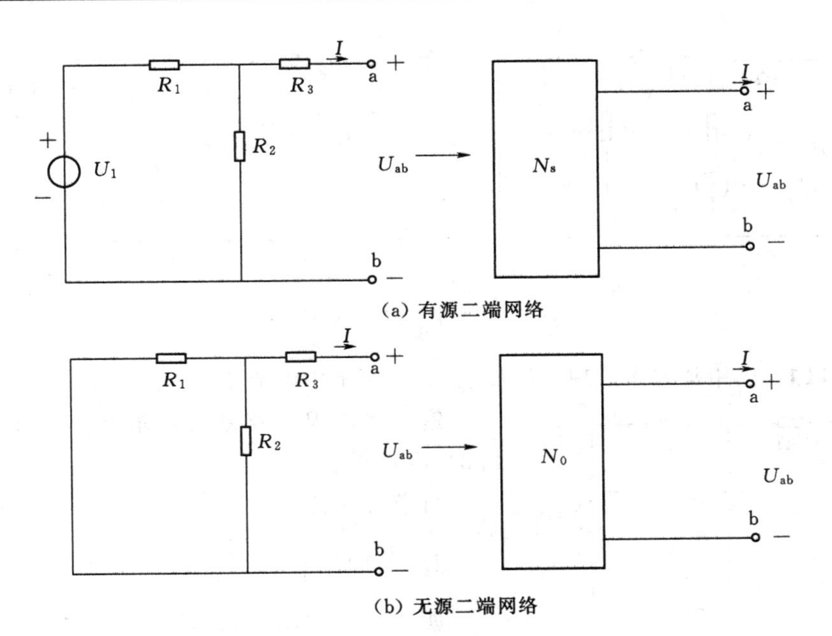

图 2.29　二端网络

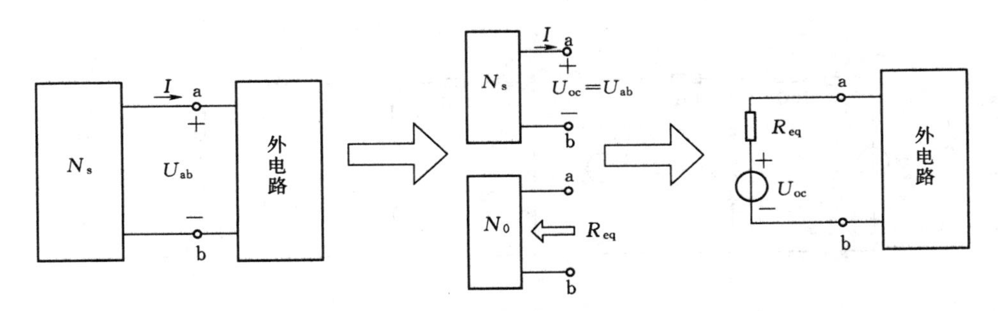

图 2.30　二端网络的戴维南等效电路

处理后，求无源二端网络的等效电阻 R_{eq}。

(3) 利用戴维南等效电路置换电路中的有源二端网络，求出外电路的电流与电压即可。

【例 2.10】 如图 2.31 所示电路中，利用戴维南定理求解电流 I。

解： 如图 2.32 (a) 所示，将待求支路断开，求开路电压 U_{oc}：

$$U_{oc}=4I_1+60=\frac{60-60}{4+4}\times4+60=60(\text{V})$$

如图 2.32 (b) 求等效电阻：

$$R_{eq}=10//10+4//4=7(\Omega)$$

如图 2.32 (c) 戴维南等效电路，可求得流经 R 电流 I 为

$$I=\frac{U_{oc}}{R_{eq}+R}=\frac{60}{7+5}=5(\text{A})$$

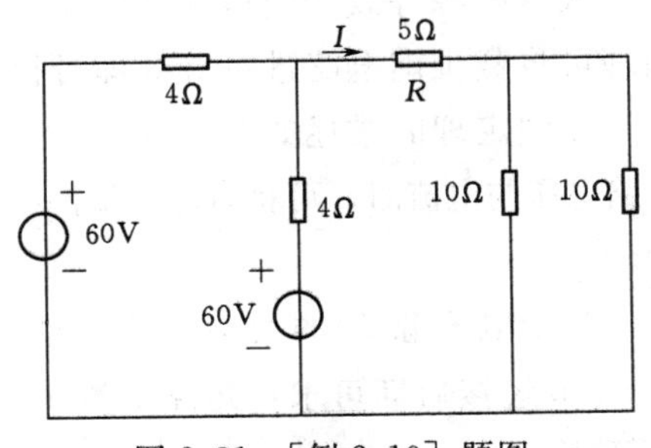

图 2.31 [例 2.10] 题图

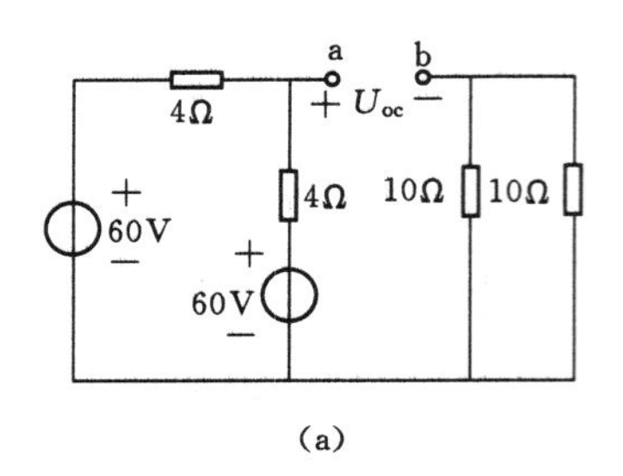

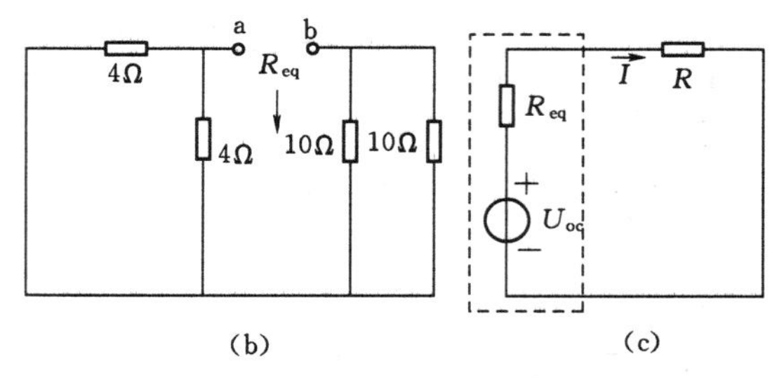

图 2.32　[例 2.10] 解析图

【例 2.11】 试用戴维南定理求解如图 2.33 所示中电流 I。

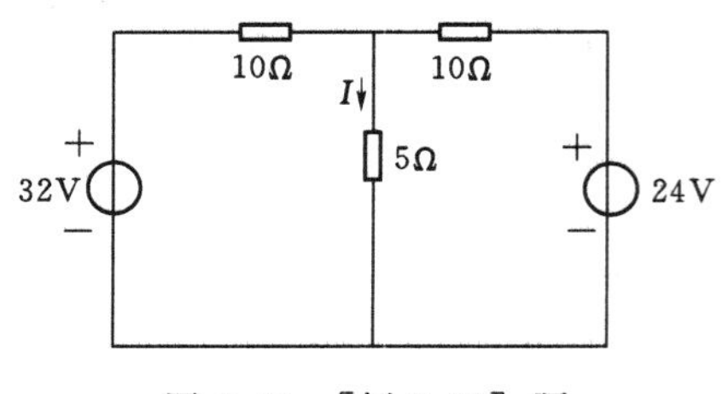

图 2.33　[例 2.11] 题

解：将待求支路断开，求开路电压 U_{oc}，如图 2.34 (a) 所示。

可求得开路电压：

$$U_{oc}=10I_1+24=\frac{32-24}{10+10}\times10+24=28(\mathrm{V})$$

如图 2.34 (b) 所示将有源二端网络化为无源二端网络求等效电阻 R_{eq}：

$$R_{eq}=10/\!/10=5(\Omega)$$

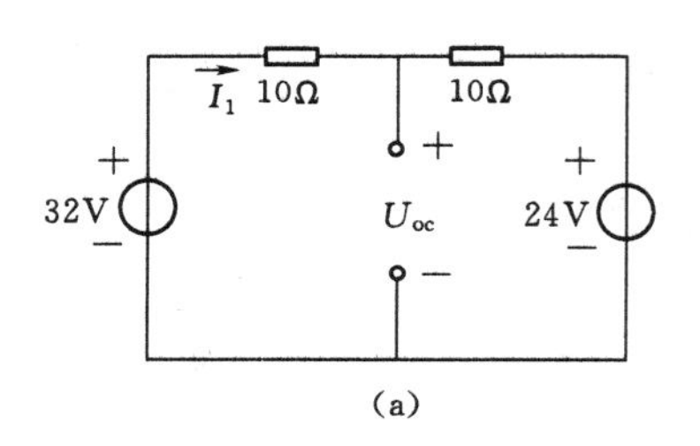

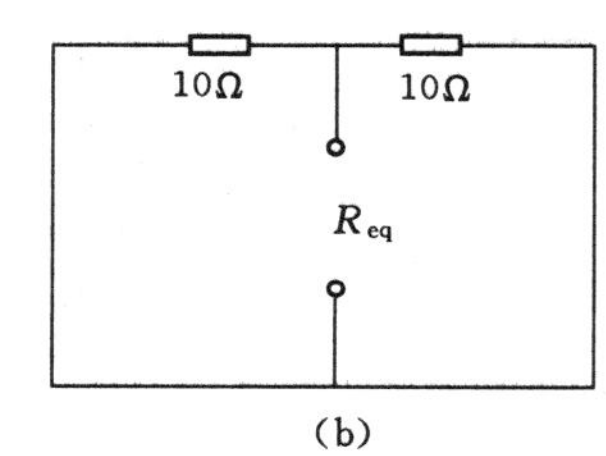

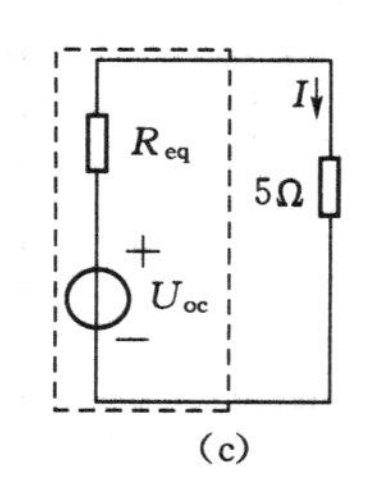

图 2.34　[例 2.11] 解析图

如图 2.34 (c) 所示，虚线框内为戴维南等效电路，可求得流经 R 电流 I 为

$$I=\frac{U_{oc}}{R_{eq}+R}=\frac{28}{5+5}=2.8(\mathrm{A})$$

2.5.2.3　诺顿定理

根据电源等效变换可知，电压源与电阻串联的电路可用电流源与电阻并联进行等效。同理可将戴维南电路进行等效即可得到诺顿电路，如图 2.35 所示。

诺顿定理的描述如图 2.35 (a) 所示，一个有源二端网络与外电路连接，分析计算外电路电压与电流时，可将有源二端网络 N_s 用电流源 I_{sc} 与电阻 R_{eq} 并联来替代，如图 2.35 (c) 所示。

其中电流源 I_{sc} 的大小就是有源二端网络 N_s 的短路电流，如图 2.35 (b) 所示，将端口 a、b 短接后即可求得短路电流 I_{sc}。R_{eq} 是将有源二端网络 N_s 转化为无源二端网络 N_0 的等效电阻。

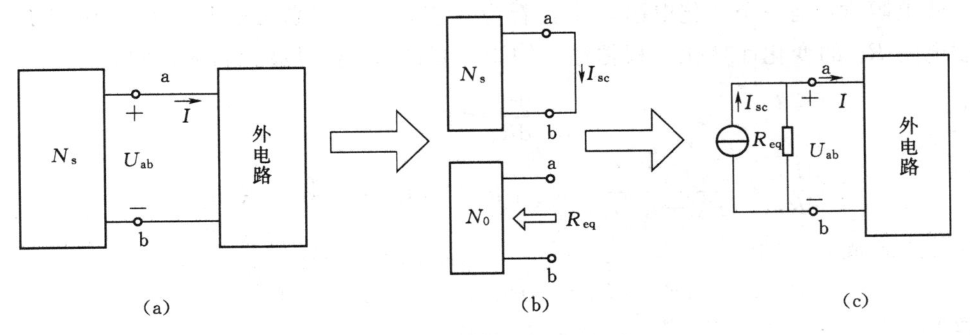

图 2.35 诺顿定理等效电路

【例 2.12】 如图 2.36（a）所示，利用诺顿定理求电阻 $R=15\Omega$ 流过的电流 I。

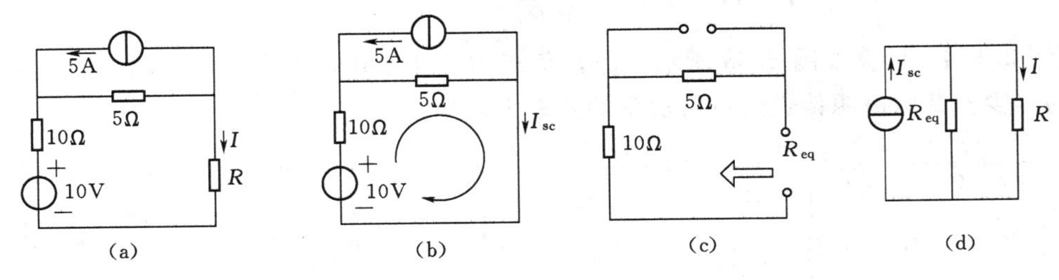

图 2.36 ［例 2.12］题图

如图 2.36（b）所示，根据诺顿定理，首先求解短路电流 I_{sc}。根据图 2.36 可知流经电阻 5Ω 的电流为：$(5+I_{sc})$A，选择回路绕行方向如图 2.36（b）所示，应用 KVL，得

$$10I_{sc}+5\times(5+I_{sc})=10$$

所以

$$I_{sc}=-1\text{A}$$

由图 2.36（c）可求得等效电阻为

$$R_{eq}=10+5=15(\Omega)$$

由此可得到其诺顿等效电路如图 2.36（d）所示，可求得流过 R 的电流 I 为

$$I=\frac{R_{eq}}{R_{eq}+R}I_{sc}=\frac{15}{15+15}\times(-1)=-0.5(\text{A})$$

注意：此处负号说明实际方向与参考方向相反。

2.5.3 最大功率传输定理

在实际交直流电路中，如何使传输功率达到最大，即负载能够从电源处得到的最大功率。以图 2.37 所示电路为例，讨论功率最大传输的问题。

已知流经负载 R_L 的电流为 I，根据戴维南定理，任一线性有源一端口网络都可用电压源与电阻串联等效，此时负载 R_L 获得的功率为

$$P_L=I^2R_L=\left(\frac{U_{oc}}{R_{eq}+R_L}\right)^2\cdot R_L=\frac{U_{oc}^2}{R_{eq}+R_L}\cdot\frac{R_L}{R_{eq}+R_L}$$

式中 $\frac{U_{oc}^2}{R_{eq}+R_L}$ 为电源发出的功率，$\frac{R_L}{R_{eq}+R_L}$ 为传输效率。

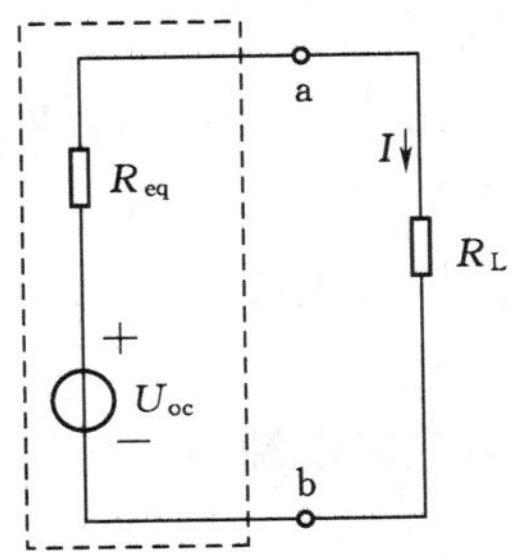

图 2.37 电压源电路

负载电阻 R_L 是一个变化电阻，将其看为一变量，此时负载获得的最大功率 P_L 会随着负载电阻 R_L 的变化而变化。根据微分知识，要使 R_L 获得最大功率，则有

$$\frac{dP_L}{dR_L}=0$$

即

$$\frac{dP_L}{dR_L}=\frac{U_{oc}^2}{(R_{eq}+R_L)^4}[(R_{eq}+R_L)^2-R_L\times 2(R_{eq}+R_L)]=0$$

要使上式成立，则

$$(R_{eq}+R_L)^2-R_L\times 2(R_{eq}+R_L)=0$$

解得

$$R_L=R_{eq}$$

由此可知，负载获得最大功率为

$$P_L=I^2R_L=\left(\frac{U_{oc}}{2R_L}\right)^2\cdot R_L=\frac{U_{oc}^2}{4R_L}$$

【例 2.13】 计算如图 2.38 所示电路，负载 R_L 为何值时能获得最大功率，此时最大功率为多少？此时电源传送给负载功率的效率为多少？

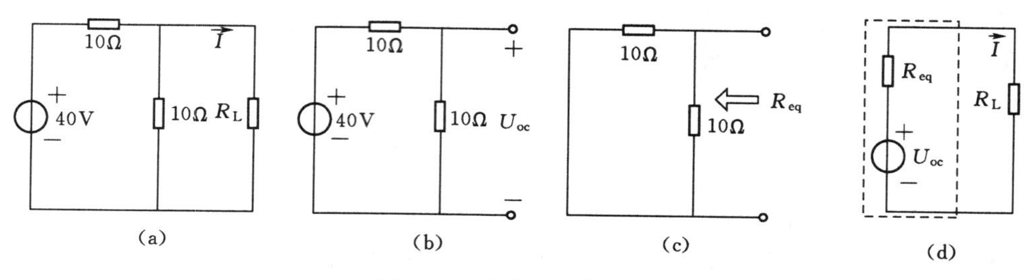

图 2.38 ［例 2.13］题图

解：

由图 2.38（b），得 $U_{oc}=20V$；由图 2.38（c），得 $R_{eq}=5\Omega$，如图 2.38（d）所示，得到图 2.38（a）的戴维南等效电路，因此，当 $R_L=R_{eq}=5\Omega$ 时，可得到最大功率为

$$P_L=\frac{U_{oc}^2}{4R_L}=\frac{20^2}{4\times 5}=20(W)$$

如图 2.38（d）所示，流过 R_L 的电流为

$$I=\frac{20}{5+5}=2(A)$$

图 2.38（a）可知，与 R_L 并联的 10Ω 电阻流过的电流为 1A，40V 电压源流经的电流为 3A。

因此电源发出的功率为

$$P=3\times 40=120(W)$$

此时电源功率传送给负载的效率为

$$\frac{20}{120}\times 100\%=16.67\%$$

习　　题

2.1　直流电路中，电源通常如何表示？什么情况下电源内阻可以忽略不计？

2.2　什么是节点？什么是回路？什么是网孔？

2.3　已知一负载电阻为4.5Ω，接入一电源为8V、内阻为0.5Ω的电路中，计算此时电路中通过的电流为多少？

2.4　如图2.39所示电路，求解a、b端的等效电阻。

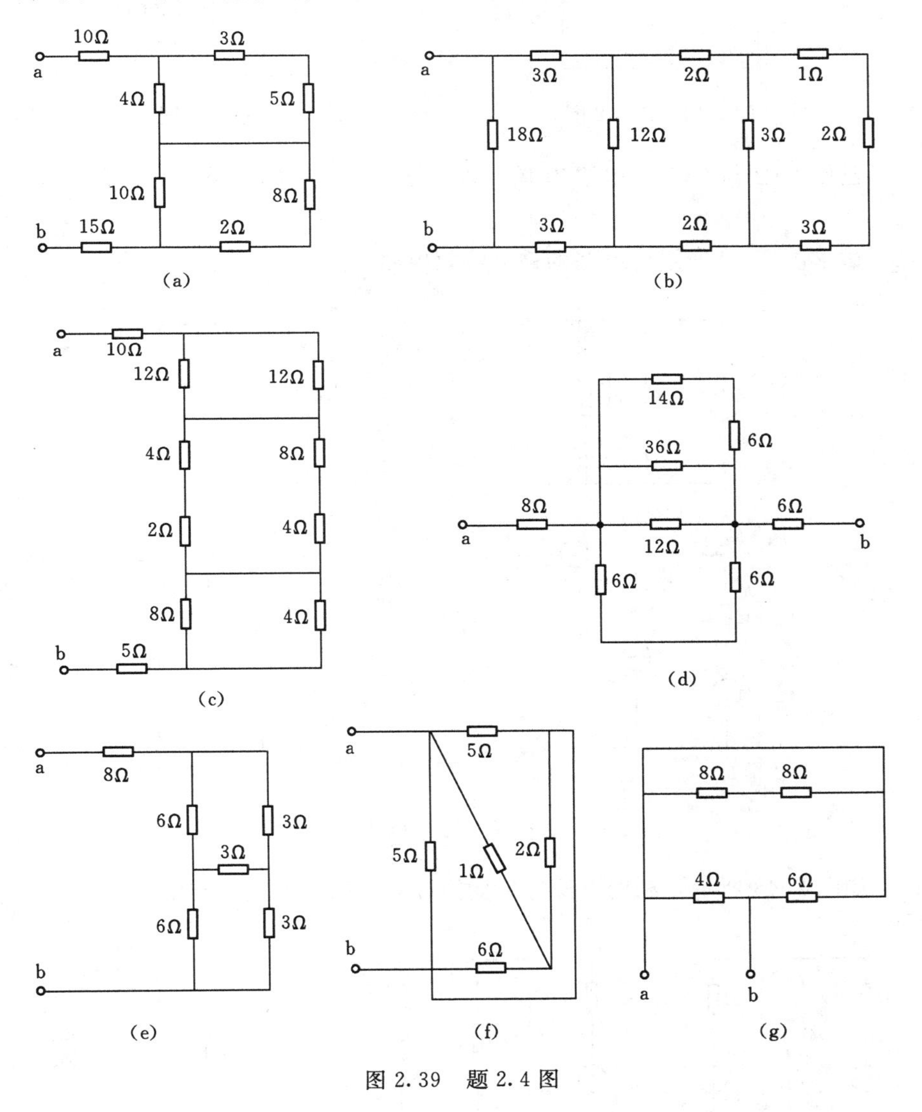

图2.39　题2.4图

2.5　已知两电阻R_1、R_2串联接入24V电源中，电流为6A，并联后接入同一电源上，此时电流为14A，求电阻R_1、R_2的阻值，以及并联时每个电阻吸收的功率与串联时吸收功率的百分比为多少。

2.6　在一并联电路中，$R_1=5.6\Omega$，$R_2=15\Omega$，$R_3=39\Omega$，等效电阻为1Ω。求R_4。

2.7　一个实验电路中 4 只电阻并联相接。$R_2=47\Omega$，$R_3=560\Omega$，$R_4=680\Omega$，$R=83\Omega$。所得总电流为 72.3mA。计算：①电阻 R_1；②电压；③分电流。

2.8　如图 2.40 所示，计算：①I_1 和 I_2；②R_2；③等效电阻 R 值。

2.9　如图 2.41 所示电路，求电路中各分电流及电阻 R_1 的阻值。

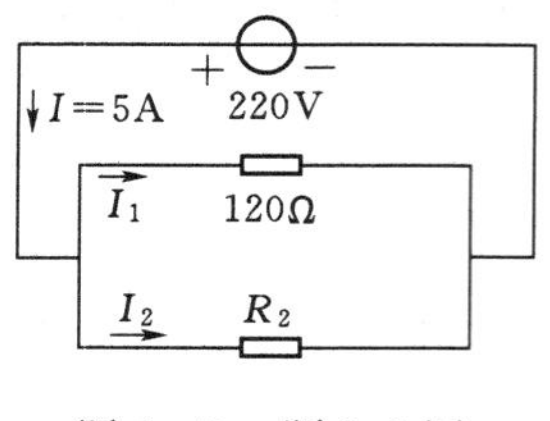

图 2.40　题 2.8 图

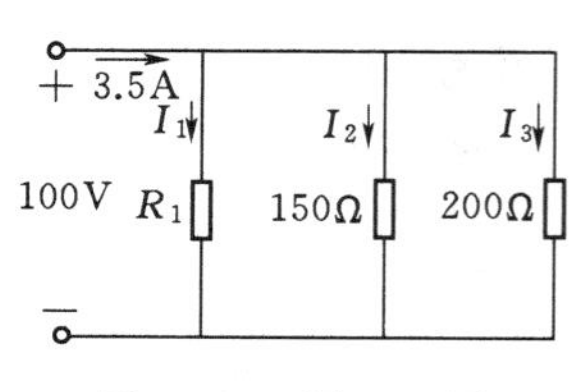

图 2.41　题 2.9 图

2.10　已知 25Ω 与 35Ω 的电阻串联接入电压为 220V 的电路中，计算各电阻两端的电压。

2.11　试求图 2.42 所示各电路的最简等效电路。

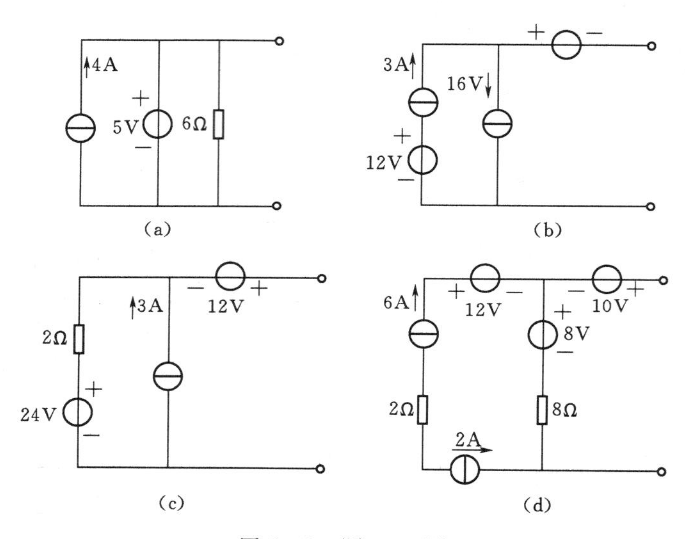

图 2.42　题 2.11 图

2.12　如图 2.43 所示，利用电源等效变换计算电路中的电流与电压。

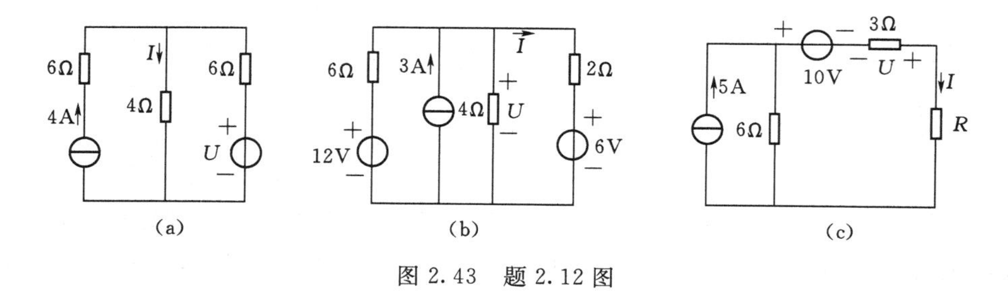

图 2.43　题 2.12 图

2.13　如图 2.44 所示，利用支路电流法求解各支路电流。

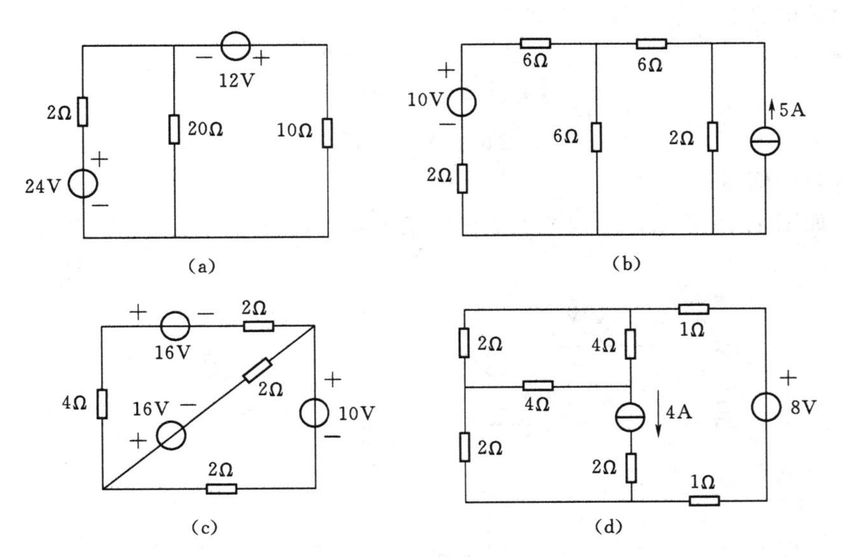

图 2.44　题 2.13 图

2.14　已知某直流电阻电路的网孔电流方程为

$$\begin{cases}4I_1+2I_2-I_3=2\\-2I_1+6I_2-4I_3=1\\-I_1-4I_2+7I_3=5\end{cases}$$

试画出该电路的电路图。

2.15　如图 2.45 所示，利用网孔电流法求解各支路电流。

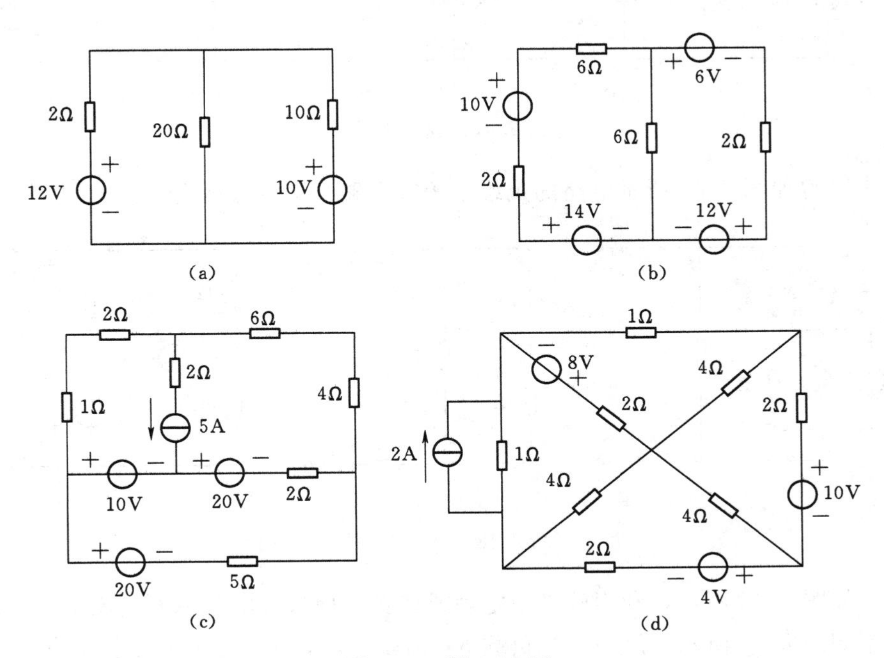

图 2.45　题 2.15 图

2.16　某电路的节点电位方程如下：

$$\begin{cases}3V_a - V_b - 2V_c = 2\\ -V_a + 3V_b - V_c = 0\\ -2V_a - V_b + 4V_c = 0\end{cases}$$

画出电路结构图。

2.17　如图 2.46 所示，利用节点电位法求电路中各节点电位及支路电流。

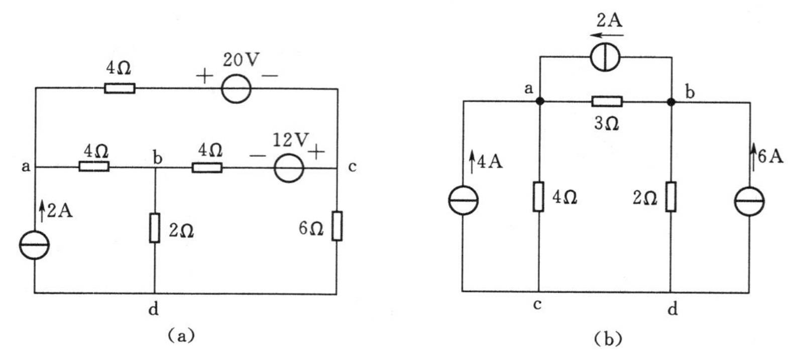

图 2.46　题 2.17 图

2.18　如图 2.47 所示电路，用叠加定理求电路中的电流 I 与电压 U。

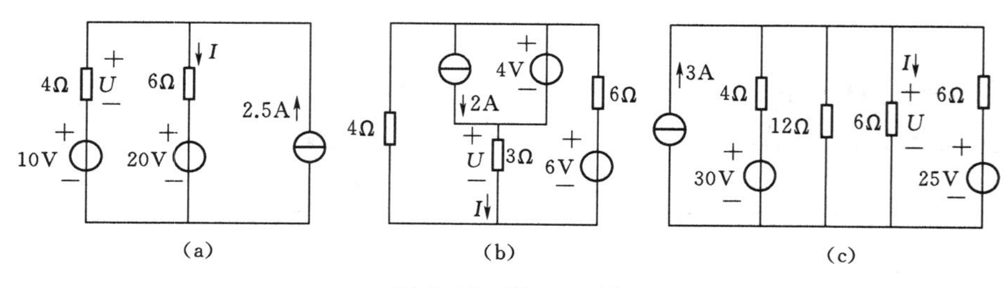

图 2.47　题 2.18 图

2.19　求解如图 2.48 所示电路的戴维南等效电路与诺顿等效电路。

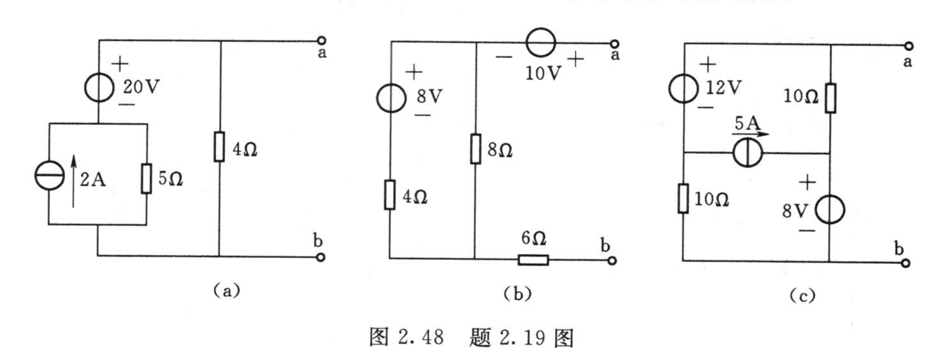

图 2.48　题 2.19 图

2.20　如图 2.49 所示，利用戴维南定理或诺顿定理求解电路中的电流 I 与电压 U。

2.21　如图 2.50 所示电路中，当负载 R_L 为多大时，R_L 能够获得最大功率，且最大功率为多少？

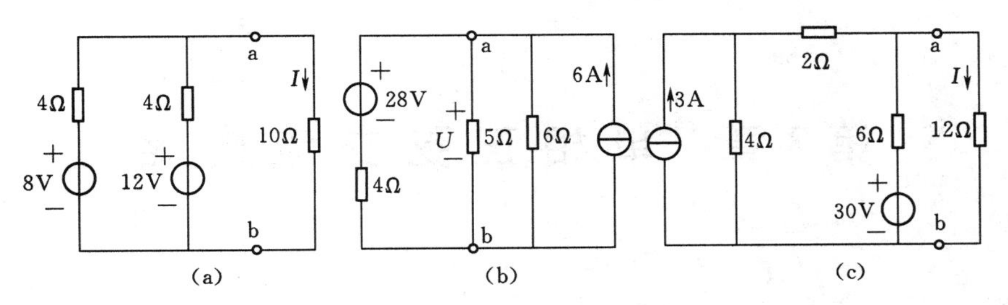

图 2.49　题 2.20 图

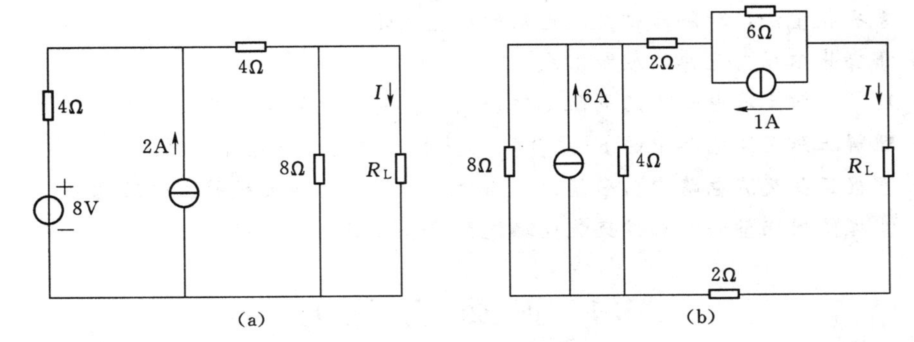

图 2.50　题 2.21 图

第3章　单相正弦交流电路

学习目标：

(1) 理解正弦交流电的定义，掌握正弦交流电路的三要素。

(2) 掌握相量法，理解正弦交流电路的相量表示方法。

(3) 掌握基尔霍夫定律的相量形式。

(4) 理解正弦交流电路中的电阻元件、电感元件、电容元件及其特性。

(5) 理解正弦交流电路中的 RLC 串联、并联后的电压与电流关系。

(6) 掌握正弦交流电路中功率的分析与计算、提高功率因数的方法及意义。

(7) 掌握使用相量法对正弦交流电路进行综合分析与计算。

3.1　正弦交流电

3.1.1　交流电的基本概念

人们日常所用的电大都是交流电。交流电和直流电的区别如图 3.1 所示。由图 3.1 (a) 可看出，直流电流的大小和方向都不随时间而变化，其波形图为一条水平直线，这是一种恒定电流。图 3.1 (b) 可知交流电流（或电压、电动势）的大小和方向都随时间进行周期性的变化，所以称为交变电流。在一般情况下，所说的交流电就是指正弦交流电。

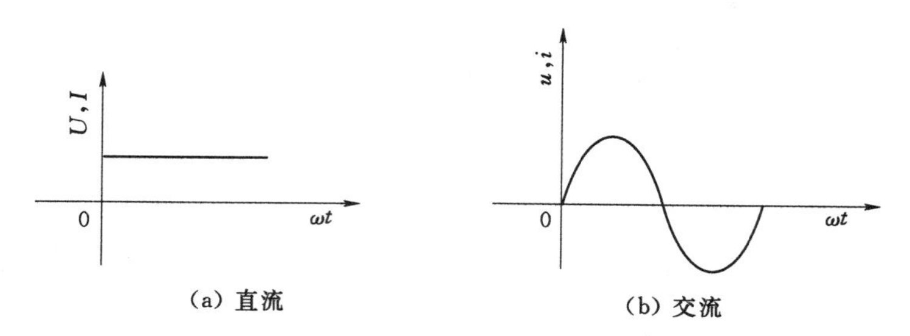

图 3.1　电流、电压波形

正弦交流电有着以下特点：

(1) 在发电方面，交流发电机相比直流发电机，制造更简单、价格更便宜。

(2) 在电能传输方面，交流电可以用变压器进行变压，因此输电、配电和供电均较为经济和简便。

(3) 在用电方面，交流异步电动机结构简单，价格便宜，运行可靠，使用十分普遍。

由于正弦交流电的这些优势，在生产和生活中交流电占了最主要的地位。即使在必须使用直流的场所，大多是将交流电经过整流后获得直流电的。少数情况下，也将直流电通过逆变装置，再变换为交流电。例如，采用超高压远距离输送电能时，将交流电整流为直

流电，然后使用直流输电方式送到了用电中心，再将直流电逆变为交流电。

将用电电器接到交流电源上所组成的电路叫做交流电路。最常见的交流电源就是交流发电机，在大型发电厂中几乎全采用交流发电机，许多工厂企业中为了保证用电可靠，常自备小型的发电机，也大都是交流发电机。交流电路中的用电器，即负载，可以有电阻（如电炉、电阻器、灯泡）、电感（如感应电炉、电感线圈、电磁铁）、电容（如改善工厂用电功率因数的并联电容器等）三种类型。交流电路的分析计算与直流电路既有相同之处，又有许多自己的特点。

实际电路分析中，用 AC（Alternating Current）或“～”表示交流电，DC（Direct Current）表示直流电。

3.1.2 单相正弦交流的产生

图 3.2 为一台单相交流发电机的结构示意图。它主要由定子（发电机静止不动的部分）和转子（旋转部分）两大部分构成。

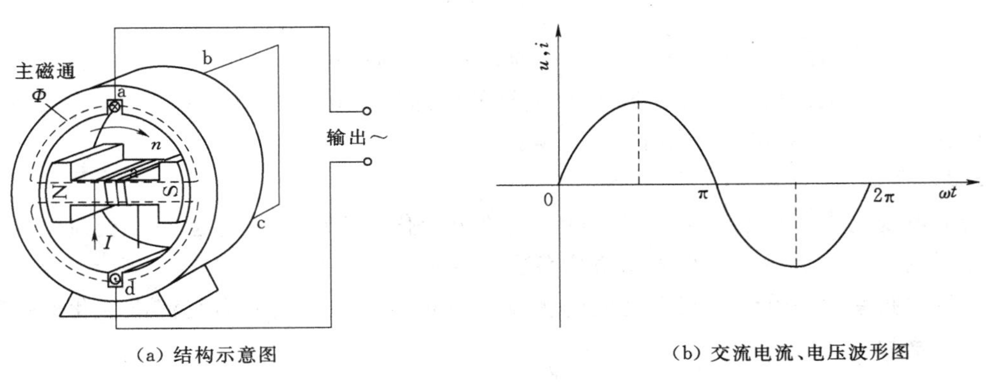

(a) 结构示意图 (b) 交流电流、电压波形图

图 3.2 单相交流发电机

发电机的转子主要包括转子铁芯和励磁绕组两部分，励磁绕组由直流电源供电，转子铁芯成为一块旋转的大磁铁，就会产生磁通 Φ。磁力线的方向由右手螺旋定则确定。

发电机的定子主要由定子铁芯和定子绕组两部分组成。定子铁芯和转子铁芯之间有一个气隙，励磁电流产生的磁力线由转子铁芯的 N 极出发，通过气隙，进入定子铁芯，然后再穿过气隙，进入转子铁芯 S 极，形成闭合回路。

定子绕组嵌装在定子铁芯内表面的凹槽内。在实际发电机中，铁芯表面均匀分布有许多定子槽，每个槽内都有定子绕组，定子绕组按一定规律连接起来。在转子没有转动时，定子绕组中并没有电动势产生。

当转子被原动机带动旋转时，励磁电流产生的磁场就随之转动，例如，图 3.2 中转子以速度 n 转/分顺时针方向转动，转子磁场也以同样的速度同向旋转。

定子绕组本身是静止的。但是，当磁场以顺时针方向旋转时，槽内的导体相当于以相反方向“切割”磁力线。当 N、S 极处于水平状态时，定子中的导体感应电动势为零，当磁极顺时针旋转 90°，此时定子中感应电动势为最大。根据电磁感应定律，在定子绕组导体中产生感应电动势 e，其大小与磁感应强度 B 成正比（$e=Blv$），e 的方向由右手定则决定。图 3.2 中，上部槽中导体 ab 产生的感应电动势的方向，是 a→b；而下部槽中的感

应电动势则为 c→d，整个绕组的电动势方向则由 a→d。由于转子在转动，磁极继续转动 90°，此时，N、S 极处于水平状态，定子中导体感应电动势为零。转子继续转动，定子中导体感应电动势又达到最大，只不过其电动势的方向与上次达到最大值时相反。转子继续旋转 90°，转子回到了初始位置，此时转子转了 360°。如果转子不停旋转，导体中电动势就会如图 3.2 中所示交替变化，形成单相交流电。

3.1.3　正弦量

3.1.3.1　周期

正弦量变化一周的时间称为周期，用 T 表示，周期的单位为秒（s）。

3.1.3.2　频率

每秒钟内重复变化的次数称为频率，用符号 f 表示，单位为赫兹（Hz）。

显然，周期与频率关系为

$$T=\frac{1}{f}$$

如图 3.2 所示的发电机，转子每转一周，交流电动势变化一次。显然，要产生 50Hz 的交流电，发电机每秒钟要旋转 50 转。电机的转速用 r/min 表示，故图 3.2 中发电机的转速应为 50r/s×60s=3000r/min。

3.1.3.3　角频率

交流电变化用电角度表示，即弧度。交流电变化一周的电角度为 2π。交流电变化快慢，除了用频率 f 表示，还可以用角频率这一物理量来反映。

所谓角频率就是单位时间内交流电变化的电角度，一个周期内交流电变化 2π 弧度，显然角频率为

$$\omega=\frac{2\pi}{T}=2\pi f$$

角频率的单位是弧度/秒（rad/s），角频率 ω 与频率 f 成正比，ω 越大，频率 f 愈高，交流电变化就愈快。

3.1.4　正弦交流电的三要素

以交流电流为例，图 3.3 为一正弦交流电流波形。

正弦量在任一时刻的值都是变化的，所以称其为瞬时值，正弦量的瞬时值表达式为

$$i(t)=I_m\sin(\omega t+\varphi_i)$$

（1）I_m 为最大值或振幅，指正弦量在整个变化过程中达到的最大值。

（2）ω 为角频率，将 $\omega t+\varphi_i$ 称为正弦量的相位，将相位 $\omega t+\varphi_i$ 对时间求导数就可以得到角频率 $\frac{d(\omega t+\varphi_i)}{dt}=\omega$，可见角频率反映了相位随时间的变化率，即正弦交流电变化的快慢程度。

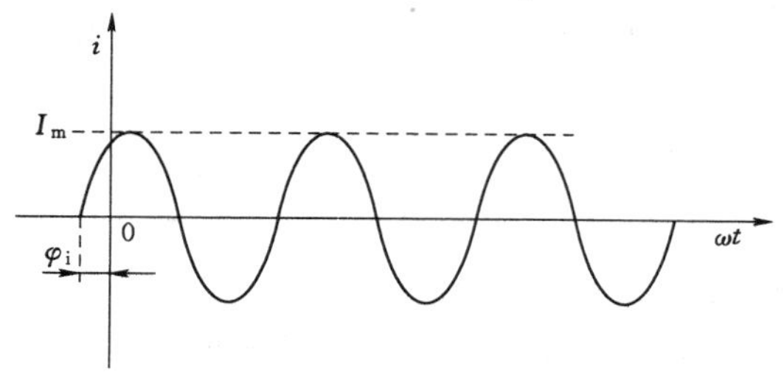

图 3.3　正弦交流电的三要素

（3）φ_i 为初相位，即 $t=0$ 时正弦量的相位，单位为 rad，反映了正弦交流电在 0 时刻时所处的状态，一般规定初相位的取

值为：$\varphi\in(-\pi,\pi)$；当初相位位于纵轴左侧时，初相位为正值，$\varphi\in[0,\pi]$，当初相位位于纵轴右侧时，初相位为负值，$\varphi\in[-\pi,0]$。

将最大值、角频率、初相位称为正弦交流电的三要素。

【例 3.1】 如图 3.4 所示正弦交流电的波形图，写出其瞬时值表达式。

解： 由图 3.4 知

$$u_1=311\sin(\omega t+45^\circ)\text{V}$$

$$u_2=220\sin(\omega t+30^\circ)\text{V}$$

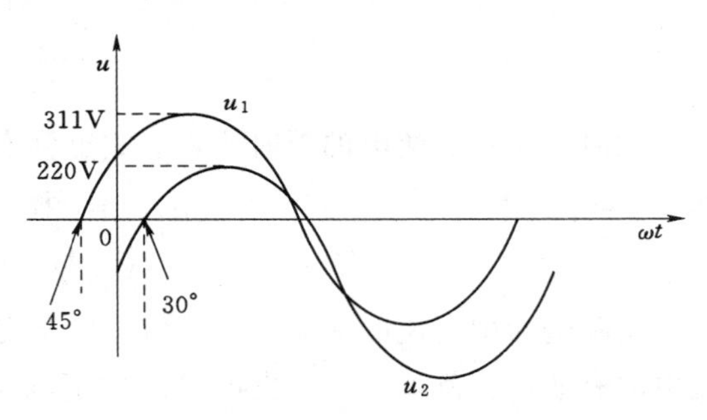

图 3.4 ［例 3.1］题图

3.1.5 正弦交流电瞬时值、最大值和有效值

正弦量是随时间 t 按正弦规律不断变化的，所以在每一时刻的值都是不同的。我们把每一时刻的数值称为正弦量的瞬时值。交流电的瞬时值用小写字母来表示，正弦电动势、正弦电压和正弦电流的瞬时值分别用 e、u、i 表示。

瞬时值中的最大数值叫做交流电的最大值，或称为幅值、峰值。最大值用大写字母加下标 m 来表示。如 E_{m}、U_{m}、I_{m}。

将一正弦交流电流 $i(t)$ 和直流电流 I 通过同一电阻 R，如果在一个周期的时间中，正弦交流电流与直流电流产生的热量相同，就称该直流电流 I 为该正弦交流电流 $i(t)$ 的有效值。

交流电的瞬时值是随时间变化的，不能用来表示交流电的大小。交流电的最大值则仅仅表示某一瞬间最大的数值，因此，在电工技术中，常用有效值表示交流电的大小。有效值用大写字母表示，例如电流、电压、电动势的有效值分别用 I、U、E 来表示。

因此，电阻 R 通过一个周期 T 的交流电流 i 与通以直流电 I 消耗的电能相同，即

$$\int_0^T i^2R\,\mathrm{d}t=I^2RT$$

由此可得到直流电流，即有效值 I：

$$I=\sqrt{\frac{1}{T}\int_0^T i^2\,\mathrm{d}t}$$

将 $i(t)=I_{\text{m}}\sin(\omega t+\varphi_{\text{i}})$ 代入上式得

$$\begin{aligned}I&=\sqrt{\frac{1}{T}\int_0^T I_{\text{m}}^2\sin^2(\omega t+\varphi_{\text{i}})\mathrm{d}t}\\&=\sqrt{\frac{I_{\text{m}}^2}{2T}\int_0^T[1-\cos2(\omega t+\varphi_{\text{i}})]\mathrm{d}t}\\&=\frac{I_{\text{m}}}{\sqrt{2}}\end{aligned}$$

同理可得

$$I=\frac{I_m}{\sqrt{2}}=0.707I_m$$

$$U=\frac{U_m}{\sqrt{2}}=0.707U_m$$

$$E=\frac{E_m}{\sqrt{2}}=0.707E_m$$

此时，正弦交流电的瞬时值表达式也可表示为

$$u(t)=\sqrt{2}U\sin(\omega t+\varphi_u)$$

$$i(t)=\sqrt{2}I\sin(\omega t+\varphi_i)$$

实际生活中所说的交流电的数值，以及交流电流表、电压表测量到的数值，都是指交流电的有效值。例如，一个发电机的额定电压为380V，就是指端电压的有效值为380V，最大值应为$\sqrt{2}\times380=537$(V)。

【例3.2】 已知洗衣机电源电压为220V，试问它的电动机电路使用的电容器的耐压值U_N应选用多大的规格？注意：电气设备中的耐压值按照最大值来处理。

解：洗衣机电路的电源是交流220V，其最大值为

$$U_m=\sqrt{2}\times220=311(V)$$

因电容器的耐压值至少应大于电源电压的最大值U_m，考虑使用时需留有一定的余量，所以选用耐压400V或450V的电容器。

3.1.6 相位差

两个同频率正弦量的相位之差，称为相位差，用“φ”表示。

如正弦交流电流、正弦交流电压的瞬时值表达式为

$$u(t)=U_m\sin(\omega t+\varphi_u)$$

$$i(t)=I_m\sin(\omega t+\varphi_i)$$

电压与电流的相位差为

$$\varphi=(\omega t+\varphi_u)-(\omega t+\varphi_i)=\varphi_u-\varphi_i$$

若两同频率正弦交流电的计时起点同时发生改变时，此时，相位也会随着发生变化，初相位也会变化，但是相位差始终不变。因此，电工学中习惯上取$\varphi\in[-\pi,\pi]$。一般只讨论同频率的相位差，不同频率的相位差计算无实际意义。

(1) 当$\varphi=\varphi_u-\varphi_i>0\Rightarrow\varphi_u>\varphi_i$，此时电压$u$在相位上超前电流$i$的角度为$\varphi$。

(2) 当$\varphi=\varphi_u-\varphi_i<0\Rightarrow\varphi_u<\varphi_i$，此时电压$u$在相位上滞后于电流$i$的角度为$\varphi$。

(3) 当$\varphi=\varphi_u-\varphi_i=0\Rightarrow\varphi_u=\varphi_i$，此时称电压$u$与电流$i$同相位。

(4) 当$\varphi=\varphi_u-\varphi_i=\pi$，此时称电压$u$与电流$i$反相。

(5) 当$\varphi=\varphi_u-\varphi_i=\pm\frac{\pi}{2}$，此时称电压$u$与电流$i$正交。

图3.5为同频率正弦交流电流与正弦交流电压的相位关系图。

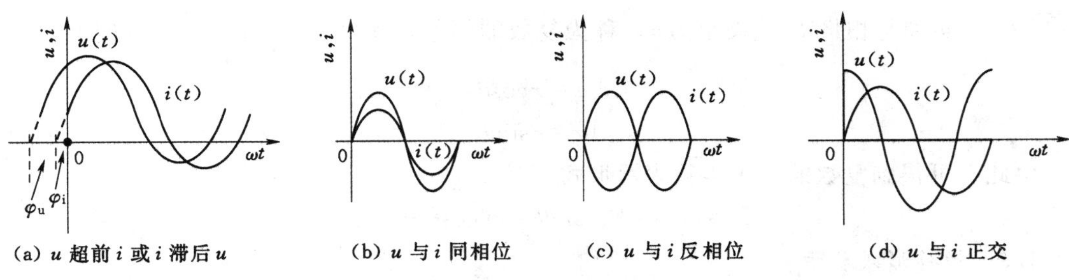

图 3.5 同频率正弦交流电流与电压相位关系

【例 3.3】 已知 $u(t)=50\sqrt{2}\sin\left(314t+\frac{\pi}{6}\right)\mathrm{V}$，$i(t)=100\sqrt{2}\sin\left(314t-\frac{\pi}{4}\right)\mathrm{A}$，试求电压与电流的最大值、有效值、频率、初相位及判断两者相位关系。

解：由题知，最大值为

$$U_{\mathrm{m}}=50\sqrt{2}=70.7\mathrm{V}, I_{\mathrm{m}}=100\sqrt{2}=141.4(\mathrm{A})$$

有效值为

$$U=50\mathrm{V}, I=100\mathrm{A}$$

角频率为

$$\omega=314\mathrm{rad/s}$$

由 $\omega=2\pi f$，可知频率为

$$f=\frac{\omega}{2\pi}=\frac{314}{2\times 3.14}=50(\mathrm{Hz})$$

已知 $\varphi_{\mathrm{u}}=\frac{\pi}{6}$，$\varphi_{\mathrm{i}}=-\frac{\pi}{4}$，其相位差为

$$\varphi=\varphi_{\mathrm{u}}-\varphi_{\mathrm{i}}=\frac{\pi}{6}+\frac{\pi}{4}=\frac{5\pi}{12}$$

此时，电压 $u(t)$ 超前电流 $i(t)$的相位为$\frac{5\pi}{12}$。

3.2 相量法基础

在正弦交流电分析中，之前介绍的瞬时值表示方法和波形图表示方法都不适宜正弦交流电的计算。因此常选用相量法，相量的幅值可以用来表示正弦交流电的大小，方向可表示正弦交流电的相位。

3.2.1 复数表示方法

3.2.1.1 代数式

$$F=a+\mathrm{j}b$$

复数图示如图 3.6 所示。其中，a 代表实部，可记为：$a=\mathrm{Re}[F]$，b 代表虚部，可记为：$b=\mathrm{Im}[F]$，$\mathrm{j}^2=-1$ 即 $\mathrm{j}=\sqrt{-1}$表示虚数单位。

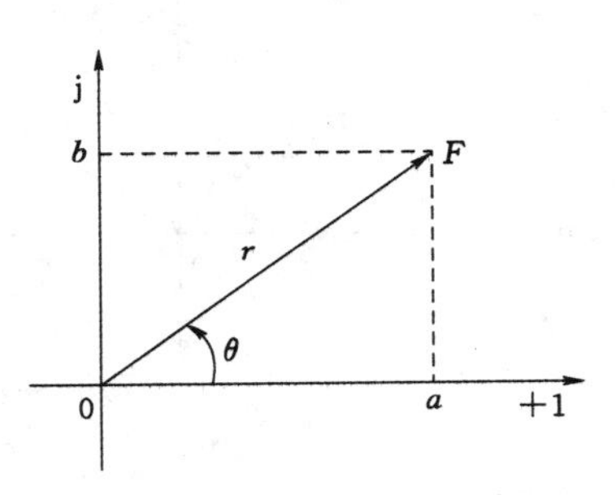

图 3.6 复数的表示形式

3.2.1.2 三角函数表示

如图 3.6 所示，设相量的模值为 r，即 $r=|F|=$

$\sqrt{a^2+b^2}$，实轴与相量 F 的夹角为 θ，称为复数的幅角，此时 $\theta=\arctan\dfrac{b}{a}$，此时有

$$\begin{cases} a=r\cos\theta \\ b=r\sin\theta \end{cases}$$

由此，可得到复数的三角函数表示形式：

$$F=r\cos\theta+\mathrm{j}r\sin\theta=r(\cos\theta+\mathrm{j}\sin\theta)$$

3.2.1.3 指数形式表示

由欧拉公式：$\mathrm{e}^{\mathrm{j}\theta}=\cos\theta+\mathrm{j}\sin\theta$，可将三角函数式表示为指数形式，即

$$F=r\mathrm{e}^{\mathrm{j}\theta}$$

根据欧拉公式，可得出几个常用值，如 $\mathrm{e}^{\mathrm{j}\pm\frac{\pi}{2}}=\pm\mathrm{j}$，$\mathrm{e}^{\mathrm{j}\pi}=-1$。

3.2.1.4 极坐标表示形式

复数的极坐标形式为

$$F=r\angle\theta$$

在正弦交流电的计算中会常用到极坐标的形式。复数的四种表示方法可以相互转换。

【例 3.4】 写出复数 $F_1=3+\mathrm{j}4$、$F_2=8-\mathrm{j}6$ 的指数形式和极坐标式。

解：求模值：$|F_1|=\sqrt{3^2+4^2}=5$，$|F_2|=\sqrt{8^2+6^2}=10$

求夹角：$\theta_1=\arctan\dfrac{4}{3}=53.1°$，$\theta_2=\arctan\dfrac{-6}{8}=-36.9°$

指数式：$F_1=|F_1|\mathrm{e}^{\mathrm{j}\theta_1}=5\mathrm{e}^{\mathrm{j}53.1°}$，$F_2=|F_2|\mathrm{e}^{\mathrm{j}\theta_2}=5\mathrm{e}^{\mathrm{j}-36.9°}$

极坐标式：$F_1=|F_1|\angle\theta_1=5\angle 53.1°$，$F_2=|F_2|\angle\theta_2=10\angle -36.9°$

3.2.2 复数的运算

3.2.2.1 复数的加减运算

设复数 $F_1=a_1+\mathrm{j}b_1$，$F_2=a_2+\mathrm{j}b_2$，则有

$$F_1\pm F_2=(a_1+\mathrm{j}b_1)\pm(a_2+\mathrm{j}b_2)=(a_1\pm a_2)+\mathrm{j}(b_1\pm b_2)$$

如图 3.7 所示，复数加减法也可按照数学分析中的平行四边形法则在复平面上运算求得。

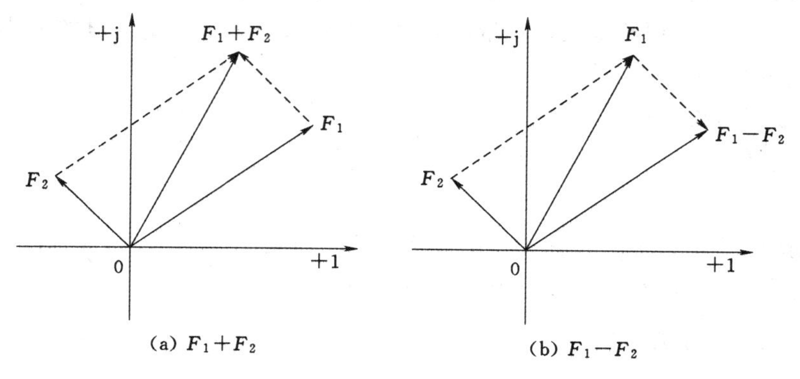

图 3.7 复数加减法示意图

3.2.2.2 复数的乘除运算

设复数 $F_1=a_1+jb_1=|F_1|\angle\theta_1$，$F_2=a_2+jb_2=|F_2|\angle\theta_2$，则复数相乘时，代数式计算有

$$F_1F_2=(a_1+jb_1)(a_2+jb_2)=(a_1a_2-b_1b_2)+j(a_1b_2+a_2b_1)$$

或用极坐标运算，即复数的模值相乘，幅角相加，即

$$F_1F_2=|F_1|\angle\theta_1\cdot|F_2|\angle\theta_2=|F_1||F_2|\angle\theta_1+\theta_2$$

复数相除时，代数式计算，有

$$\frac{F_1}{F_2}=\frac{a_1+jb_1}{a_2+jb_2}=\frac{(a_1+jb_1)(a_2-jb_2)}{(a_2+jb_2)(a_2-jb_2)}$$

$$=\frac{a_1a_2+b_1b_2}{a_2^2+b_2^2}+j\frac{a_2b_1-a_1b_2}{a_2^2+b_2^2}$$

$F_2^*=a_2-jb_2$ 称为复数 F_2 的共轭复数，$F_2F_2^*$ 为有理化运算，结果为实数。

上式表明代数式运算比较复杂，实际中用极坐标运算比较方便，即复数的模值相除，幅角相减，即

$$\frac{F_1}{F_2}=\frac{|F_1|\angle\theta_1}{|F_2|\angle\theta_2}=\frac{|F_1|}{|F_2|}\angle\theta_1-\theta_2$$

图 3.8 为复数乘除运算示意图。

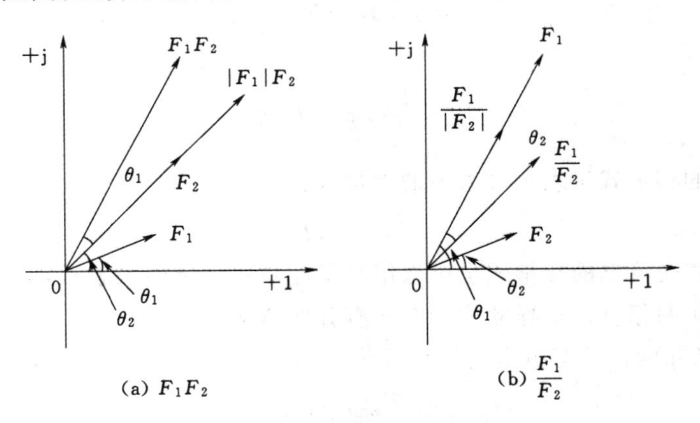

图 3.8 复数的乘除运算示意图

【例 3.5】 设 $F_1=4+j3$，$F_2=5\angle45°$，求 F_1-F_2、$\frac{F_1}{F_2}$。

解： 求复数的加减运算需要运用代数式，故

$$F_2=5\angle45°=5(\cos45°+j\sin45°)$$
$$=3.535+j3.535$$

则 $$F_1+F_2=4+j3+3.535+j3.535=7.535+j6.535$$

求复数的乘除运算需要利用极坐标形式，则模值为

$$|F_1|\sqrt{4^2+3^2}=5$$

幅角为 $$\theta=\arctan\frac{3}{4}=36.9°$$

故
$$F_1=5\angle 36.9^\circ$$
则
$$\frac{F_1}{F_2}=\frac{5\angle 36.9^\circ}{5\angle 45^\circ}=1\angle -8.1^\circ$$

3.3　正弦交流电的相量表示法

设正弦电流为
$$i(t)=I_m\sin(\omega t+\varphi_i)=\sqrt{2}I\sin(\omega t+\varphi_i)$$
该电流 i 的复指数函数为
$$I_m e^{j(\omega t+\varphi_i)}=I_m\cos(\omega t+\varphi_i)+j\sin(\omega t+\varphi_i)$$
可用复函数的虚部表示该正弦电流，即
$$i(t)=\mathrm{Im}[I_m e^{j(\omega t+\varphi_i)}]$$
此时该式中包含了正弦量的三要素，因此，可将其用相量表示，为了与最大值、有效值的区别，在正弦交流电的相量表示方法是在相应大写字母上加“·”，如 $\dot{I}$、$\dot{U}$、$\dot{E}$ 等。

故上式中电流用相量表示如下。

最大值表示形式为
$$\dot{I}_m=I_m\angle\varphi_i=\sqrt{2}I\angle\varphi_i$$
有效值表示为
$$\dot{I}=\frac{I_m}{\sqrt{2}}\angle\varphi_i=I\angle\varphi_i$$
或用有效值的相量式来表示最大值的相量式：
$$\dot{I}_m=\sqrt{2}\dot{I}$$
同样的，正弦交流电的相量式也可以用复平面中的相量图来表示，显然，相量图中绘制的相量应为同频率相量，这样的相量图才有分析意义。

【例 3.6】 已知两正弦交流电的解析式为
$$u(t)=50\sqrt{2}\sin(314t+30^\circ)\mathrm{V}$$
$$i(t)=10\sqrt{2}\sin(314t+60^\circ)\mathrm{A}$$
写出最大值、有效值的相量式，并绘制最大值的相量图，判断其相位关系。

解：由题知：
$$\dot{U}_m=50\sqrt{2}\angle 30^\circ\mathrm{V},\dot{I}_m=10\sqrt{2}\angle 60^\circ\mathrm{A}$$

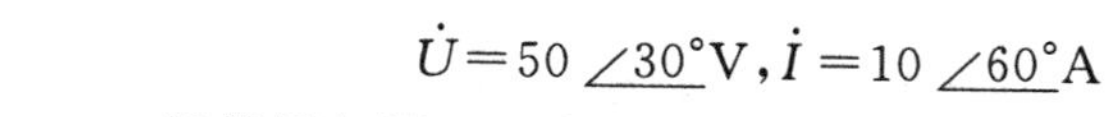
$$\dot{U}=50\angle 30^\circ\mathrm{V},\dot{I}=10\angle 60^\circ\mathrm{A}$$

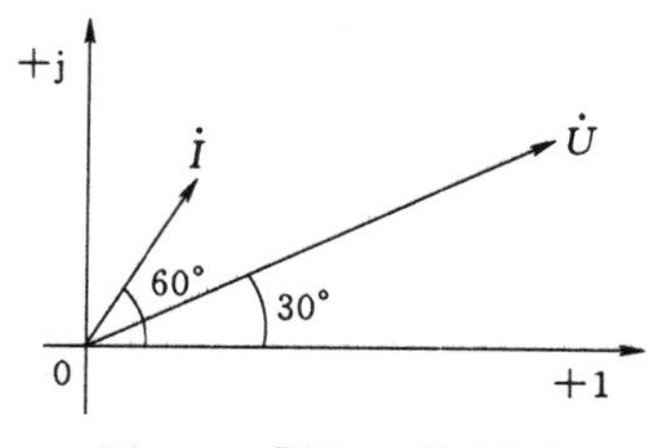

图 3.9 ［例 3.6］题图

相量图如图 3.9 所示。

【例 3.7】 已知在工频条件下，两正弦量的相量式为 $\dot{U}=5\angle -30^\circ\mathrm{V}$、$\dot{I}=10\sqrt{2}\angle 60^\circ\mathrm{A}$，写出该正弦交流电流与电压的瞬时值表达式。

解：由题知 $f=50\mathrm{Hz}$，则可得

$$\omega=2\pi f=100\pi=314(\text{rad/s})$$

有效值为　　　　　　　$U=5\text{V}, I=10\sqrt{2}\text{A}$

初相位为　　　　　　　$\varphi_u=-30°, \varphi_i=60°$

故可得瞬时值表达式：

$$u(t)=50\sqrt{2}\sin(314t-30°)\text{V}$$

$$i(t)=20\sin(314t+60°)\text{A}$$

同频率正弦量之间进行运算时，可以按照之前的相量法进行分析。如同频率正弦交流电之间的加减运算可以将正弦量用相量法表示，再利用相量的运算规则进行运算后，再化为瞬时值表达式即可。也可由相量图进行计算。

【例 3.8】 已知两个交流电流：

$$i_1(t)=10\sqrt{2}\sin(314t+45°)\text{A}$$

$$i_2(t)=5\sqrt{2}\sin(314t+60°)\text{A}$$

求 $i(t)=i_1(t)+i_2(t)$，并画出其相量图。

解： 由题意，可写出其相量式为

$$\dot{I}_1=10\angle 45°\text{A}、\dot{I}_2=5\angle 60°\text{A}$$

求两个正弦量解析式的和，相当于求其相量式的和，即

$$\begin{aligned}\dot{I}&=\dot{I}_1+\dot{I}_2=10\angle 45°+5\angle 60°\\&=10(\cos45°+\text{j}\sin45°)+5(\cos60°+\text{j}\sin60°)\\&=(7.07+\text{j}7.07)+(2.5+\text{j}4.33)\\&=9.07+\text{j}11.4(\text{A})\end{aligned}$$

将代数式化为瞬时值表达式：

$$I=\sqrt{9.07^2+11.4^2}=14.57(\text{A}), \varphi=\arctan\frac{11.4}{9.07}=51°$$

故

$$i(t)=14.57\sqrt{2}\sin(314t+51°)\text{A}$$

其相量图如图 3.10 所示。

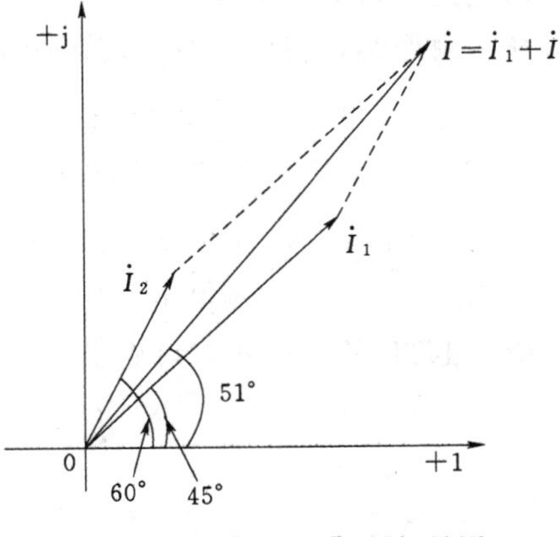

图 3.10 ［例 3.8］题相量图

通常绘制同频率相量图时，为了方便、清楚，常常可将虚轴与实轴省去。

3.4　电路定律的相量形式

3.3 节电路中，可将正弦交流电用相量式来描述并进行计算，那么电路定律也可用复数的相量式来描述，用相量形式来表示欧姆定律，基尔霍夫电流定律、基尔霍夫电压定律，称为电路定律的相量形式。

3.4.1　KCL 的相量式

在第 1 章中，对于电路中任一节点，都有流过该节点的电流代数和为零。

$$i_1+i_2+\cdots+i_n=0 \quad 或 \quad \sum_{k=1}^{n} i_k=0$$

此时，若全部用同频率的正弦量来表示电流，有

$$\dot{I}_1+\dot{I}_2+\cdots+\dot{I}_n=0 \quad 或 \quad \sum_{k=1}^{n} \dot{I}_k=0$$

可描述为电路中任一节点流过同频率的正弦电流相量的代数和为零。其参考方向常常规定流入该节点时电流取正，流出该节点时取负。

3.4.2　KVL 的相量式

KVL 为对于电路中任一闭合回路而言，各支路的电压代数和为零，即

$$u_1+u_2+\cdots+u_n=0 \quad 或 \quad \sum_{k=1}^{n} u_k=0$$

当正弦电压都用同频率的相量式表示时，此时为

$$\dot{U}_1+\dot{U}_2+\cdots+\dot{U}_n=0 \quad 或 \quad \sum_{k=1}^{n} \dot{U}_k=0$$

可描述为，在正弦交流电路中，任一回路中各支路电压相量的代数和为零。其参考方向的判别与回路绕行方向有关，与回路绕行方向一致取正，相反时取负。

【例 3.9】 如图 3.11 所示，两并联电阻中通过的电流分别为

$i_1=20\sqrt{2}\sin(314t+30°)\text{A}$、$i_2=10\sqrt{2}\sin(314t+60°)\text{A}$，

求电路流过的总电流 i。

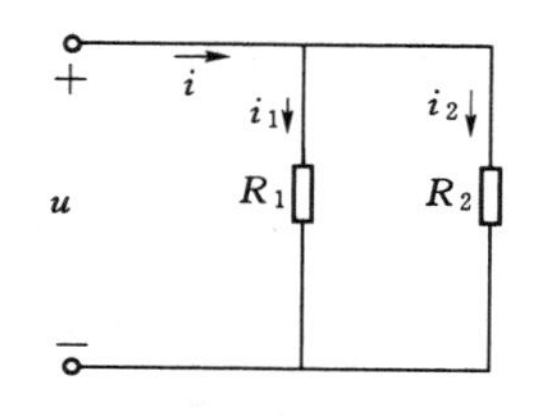

图 3.11　[例 3.9] 题图

解： 由题知，将两个分电流用相量式表示为

$$\dot{I}_1=20\angle 30°=20(\cos30°+\text{j}\sin30°)$$
$$=17.32+\text{j}10(\text{A})$$

$$\dot{I}_2=10\angle 60°=10(\cos60°+\text{j}\sin60°)$$
$$=5+\text{j}8.66(\text{A})$$

依据 KCL 的相量式，可先求出总电流的相量式 $\dot{I}$：

$$\dot{I}=\dot{I}_1+\dot{I}_2$$
$$=17.32+\text{j}10+5+\text{j}8.66$$
$$=22.32+\text{j}18.66$$
$$=29.09\angle 39.89°(\text{A})$$

此时，总电流的瞬时值表达式为

$$i=29.09\sqrt{2}\sin(314t+39.89°)\text{A}$$

3.5　正弦交流电路中的单一元件

前面学过直流电路中的基本元件主要是电阻元件、电感元件和电容元件。那么在交流电路中，这些元件间的电流、电压、电能及电功率会发生何种变化，以下将会详细分析。

3.5.1 正弦交流电路中的电阻元件

3.5.1.1 电阻元件上的电压和电流的关系

如图 3.12 所示，电阻两端的交流电压 $u_R=\sqrt{2}U_R\sin(\omega t+\varphi)$V，流过的电流为 i。根据电阻电路的 VCR 关系，可知

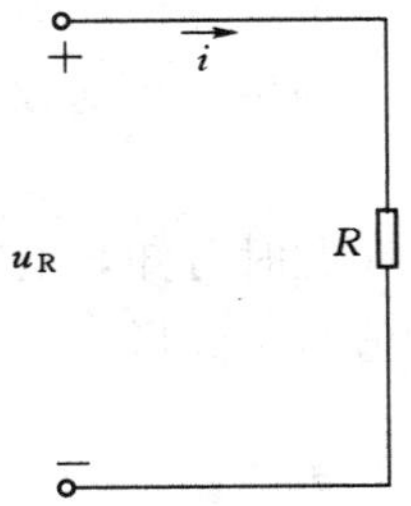

$$i=\frac{u_R}{R}=\frac{\sqrt{2}U_R\sin(\omega t+\varphi)}{R}$$

$$=\frac{\sqrt{2}U_R}{R}\sin(\omega t+\varphi)$$

可得到电流最大值 $I_m=\frac{\sqrt{2}U_R}{R}$，有效值 $I=\frac{U_R}{R}$。

图 3.12 交流电路中的电阻元件

3.5.1.2 电阻元件上电压、电流的相位关系

可将电阻元件上的电压瞬时值用相量式表示为

$$\dot{U}_R=U_R\angle\varphi$$

流过电流的相量式为

$$\dot{I}=\frac{U_R}{R}\angle\varphi=I\angle\varphi$$

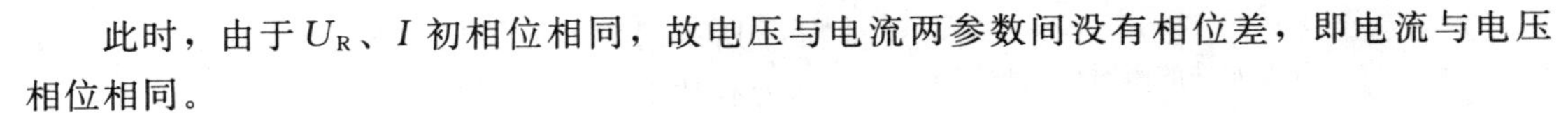

此时，由于 U_R、I 初相位相同，故电压与电流两参数间没有相位差，即电流与电压相位相同。

电阻元件的 VCR 相量式为

$$\dot{U}_R=\dot{I}R$$

电阻元件的交流电波形图及相量图如图 3.13 所示。

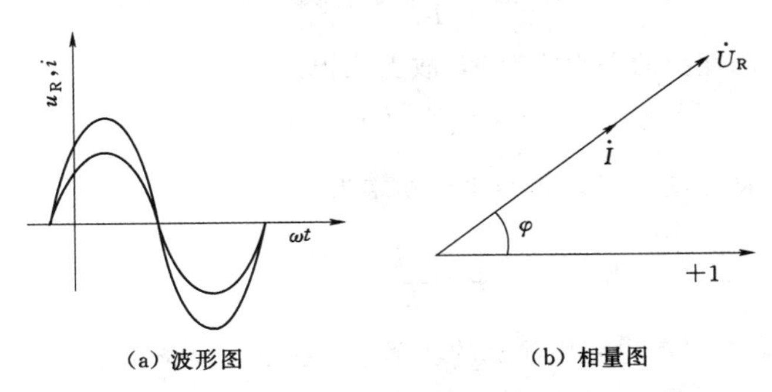

(a) 波形图　　(b) 相量图

图 3.13 电阻元件上电流与电压波形图及相量图

3.5.1.3 电阻元件的功率

（1）瞬时功率。由于交流电路中电阻的电压、电流都是随时间变化的正弦量，根据功率的计算公式将它们的瞬时值相乘得到的功率称为瞬时功率，用小写字母 p 表示。

$$p=u_Ri$$

设此时通过电阻的交流电流、两端电压初相位为 0，即 $\varphi=0$，此时

$$u_R=\sqrt{2}U_R\sin\omega t$$

$$i=\sqrt{2}I\sin\omega t$$

则电阻元件此时的瞬时功率为

$$\begin{aligned}p &= u_R i \\ &= \sqrt{2}U_R\sin\omega t \cdot \sqrt{2}I\sin\omega t \\ &= 2U_R I\sin^2\omega t\end{aligned}$$

利用三角函数积化和差公式可得

$$p = U_R I(1-\cos 2\omega t)$$

此时可知，电阻元件的瞬时值功率大于或等于零，即 $p\geqslant 0$，图 3.14 为电阻元件的瞬时值功率波形。

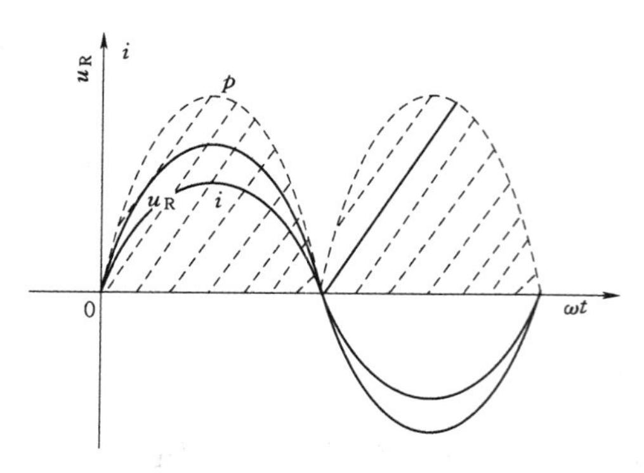

图 3.14 电阻元件的瞬时值功率波形

由图 3.14 可看出，当电压、电流均为正值（即正半周）时，瞬时功率为两个正数的乘积，大于零。当电压、电流均为负值（即负半周）时，瞬时功率为两个负数的乘积，功率仍为正数。所以瞬时功率恒为正值，表明电阻是耗能元件，在交流电路中始终从电源吸收电能，并将其转变为热能。

（2）平均功率。瞬时功率无实际使用意义，通常所说的交流电路的功率是指平均功率（或称为有功功率），用大写字母 P 表示。

瞬时功率在一个周期内的平均值称为平均功率，即

$$P = \frac{1}{T}\int_0^T p\,\mathrm{d}t = \frac{1}{T}\int_0^T U_R I(1-\cos 2\omega t)\mathrm{d}t$$

又因 $\cos 2\omega t$ 在一个周期内的平均值为 0，故上式积分结果为

$$P = U_R I$$

又因欧姆定律 $U_R = RI$、$I = \frac{U_R}{R}$，可得平均功率为

$$P = \frac{U_R^2}{R} = I^2 R$$

因此平均功率就是之前电路中简称的功率，而在电气设备铭牌上标注的功率大部分都是平均功率。

【例 3.10】 已知 $R=10\Omega$ 电阻接入交流电路中，流经电阻的电流为 $i=5\sqrt{2}\sin(\omega t+45°)$A，求电阻 R 两端的电压 U、u，以及电阻消耗的功率 P；并做出 $\dot{U}$、$\dot{I}$ 的相量图。

解： 由题知，$I=5$A，则

$$U = IR = 5\times 10 = 50(\text{V})$$

可知电压瞬时值表达式为

$$u = iR = 50\sqrt{2}\sin(\omega t + 45°)\text{V}$$

电阻消耗的功率为

$$P=UI=250(\text{W})$$

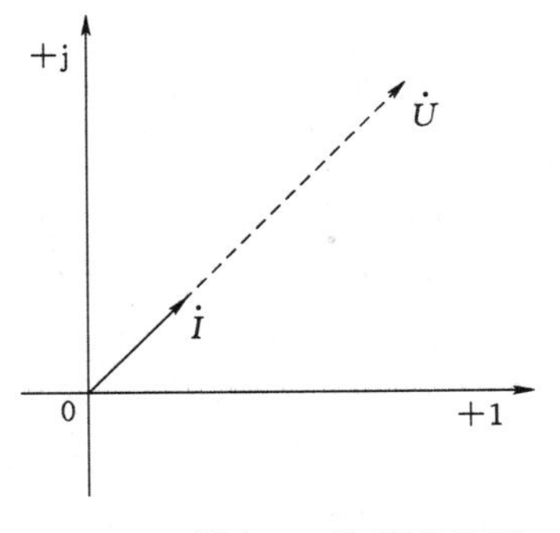

图 3.15 ［例 3.10］题相量图

电压与电流的相量式为：$\dot{U}=50\angle 45^\circ\text{V}$，$\dot{I}=5\angle 45^\circ\text{A}$，相量图如图 3.15 所示。

3.5.2 正弦交流电路中的电感元件

在纯电感线圈中如果通以直流电流 I，虽然也产生磁通，但由于磁通恒定不变，线圈中不产生感应电动势。又因为线圈电阻很小，如果将线圈接在直流电源上，会造成电源短路，将产生很大的短路电流，甚至使电源烧毁，这是决不允许的。

3.5.2.1 电感元件的电压和电流的关系

将电感 L 接在交流电路中，如果有正弦交流电流 i 通过，就会在线圈中产生变化的磁通。磁通的变化又将在线圈两端产生感应电动势，如果要维持这一正弦电流 i，必然要有一个正弦电压降 u 和感应电动势相平衡。

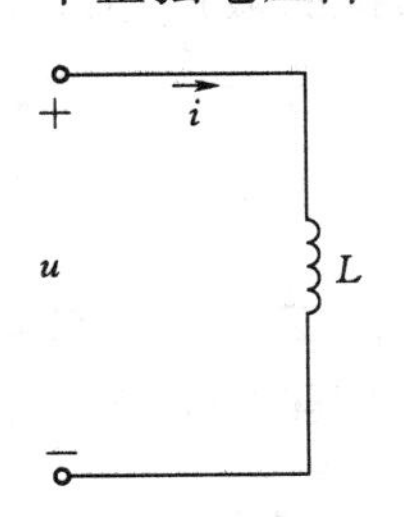

图 3.16 交流电路中的电感元件

图 3.16 为电感元件，将其通入交流电流后，由前面章节所知，电感元件两端电压与流过电流为微分关系。

此时可知

$$u=L\frac{\mathrm{d}i}{\mathrm{d}t}$$

设通入的交流电流为

$$i=\sqrt{2}I\sin(\omega t+\varphi_\mathrm{i})$$

将此式带入 $u=L\dfrac{\mathrm{d}i}{\mathrm{d}t}$，可得

$$u=L\frac{\mathrm{d}i}{\mathrm{d}t}=L\frac{\mathrm{d}\sqrt{2}I\sin(\omega t+\varphi_\mathrm{i})}{\mathrm{d}t}=\sqrt{2}IL\frac{\mathrm{d}\sin(\omega t+\varphi_\mathrm{i})}{\mathrm{d}t}$$
$$=\sqrt{2}I\omega L\cos(\omega t+\varphi_\mathrm{i})$$

经过三角函数数学变换，将其变为正弦量形式，有

$$u=\sqrt{2}I\omega L\sin\left(\omega t+\varphi_\mathrm{i}+\frac{\pi}{2}\right)$$

可将电压写为标准的解析式：$u=\sqrt{2}U\sin(\omega t+\varphi_\mathrm{u})$

对比上述交流电压的解析式，有

$$U=\omega LI$$

$$\varphi_\mathrm{u}=\varphi_\mathrm{i}+\frac{\pi}{2}$$

此时可知，对于正弦交流电路中电感元件而言，电压与电流是同频率，相位上电压超前电流$\dfrac{\pi}{2}$，其波形图如图 3.17 所示。

3.5.2.2 感抗 X_L

电感元件上的电压和电流有效值（或最大值）的比值称为感抗，用 X_L 表示：

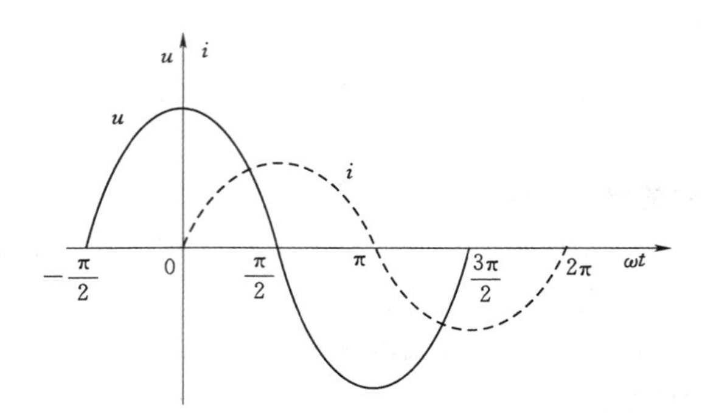

图 3.17 正弦交流电路中电感元件上电压、电流波形图

$$X_L=\frac{U}{I}=\frac{U_m}{I_m}=\omega L=2\pi fL$$

感抗用 X_L 反映了电感元件阻碍交流电流通过的能力。在某一电压下，感抗越大，电流则越小，和电阻的特性相似。因此，感抗的单位也是欧姆（Ω）。而感抗的数值还取决于线圈的电感 L 和电流的变化频率 f。

根据感抗 X_L 的定义，可将电感元件电流与电压的关系表示如下：

$$U=X_LI \quad 或 \quad U_m=X_LI_m$$

同一电感对不同频率的电流呈现不同的感抗。频率越高，感抗越大；反之，频率越小。由此可见，电感具有导通低频电流、阻碍高频电流的作用。对直流电则畅通无阻，相当于短路。

【例 3.11】 已知某日光灯整流器的电感 $L=1.2\text{H}$，工作时电路中的电流 $I=0.4\text{A}$，假定镇流器的线圈电阻可忽略。求镇流器的电压 U。

解：由题知：

$$X_L=2\pi fL=2\times3.14\times50\times1.2=376.8(\Omega)$$

则
$$U=X_LI=376.8\times0.4=150.7(\text{V})$$

3.5.2.3 电感元件上电压、电流的相量关系

电感元件通过的交流电流为

$$i=\sqrt{2}I\sin(\omega t+\varphi_i)$$

用相量式表示为

$$\dot{I}=I\angle\varphi_i$$

此时电感元件电压为

$$u=\sqrt{2}I\omega L\sin\left(\omega t+\varphi_i+\frac{\pi}{2}\right)$$

用相量式表示为

$$\dot{U}=\omega LI\angle\varphi_i+\frac{\pi}{2}$$

此时，对电压的相量式进行化简，得

$$\dot{U}=\omega LI\angle\varphi_i+\frac{\pi}{2}$$

$$=X_L I e^{\varphi_i+\frac{\pi}{2}}=X_L I e^{\varphi_i} e^{\frac{\pi}{2}}$$

又因为
$$e^{\frac{\pi}{2}}=\cos\frac{\pi}{2}+j\sin\frac{\pi}{2}=j$$

故
$$\dot{U}=jX_L I e^{\varphi_i}=jX_L I \angle\varphi_i$$

将 $\dot{I}=I\angle\varphi_i$ 代入，得

$$\dot{U}=jX_L\dot{I} \quad 或 \quad \dot{I}=\frac{\dot{U}}{jX_C}$$

相量图如图 3.18 所示。

3.5.2.4　电感元件的功率

(1) 瞬时功率。若此时通过电感的电流为

$$i=\sqrt{2}I\sin\omega t$$

则可得到电压为

$$u=\sqrt{2}U\sin\left(\omega t+\frac{\pi}{2}\right)$$

此时电感元件的瞬时值功率为

$$p=ui=\sqrt{2}U\sin\left(\omega t+\frac{\pi}{2}\right)\cdot\sqrt{2}I\sin\omega t$$

由此 $\sin\left(\omega t+\frac{\pi}{2}\right)=\cos\omega t$ 可得

$$p=2UI\cos\omega t\sin\omega t=UI\sin 2\omega t$$

由上式可知，p 是随时间按正弦规律变化的，此时瞬时值功率的频率变为原来电流频率的 2 倍了，如图 3.19 所示。

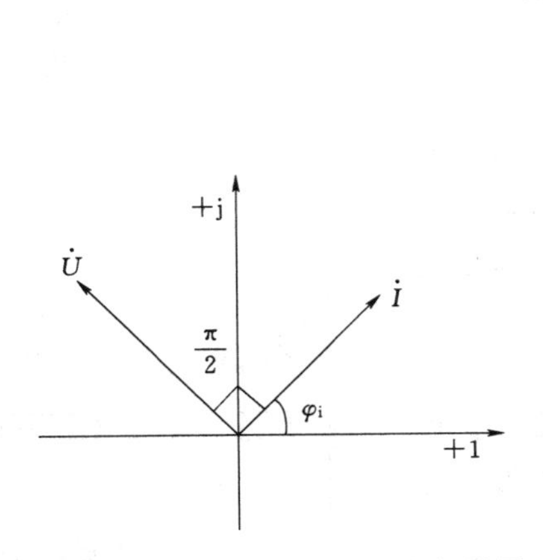

图 3.18　电感元件电压、电流相量图

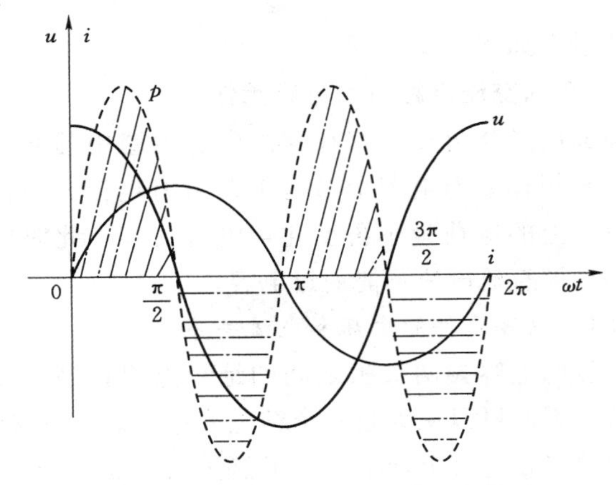

图 3.19　电感元件的瞬时值功率波形

由图 3.19 可知，瞬时功率以两倍频率按正弦规律变换，时正时负，表明电感元件与电源之间有能量的交换。当 $p>0$，表明电感在吸收电能，并将它转换为磁场能储存在电路中。当 $p<0$，则电感放出磁场能并变换为电能送还给电源。

(2) 有功功率（平均功率）。按照有功功率的定义，可得到电感元件的有功功率：

$$P=\frac{1}{T}\int_0^T p\,\mathrm{d}t=\frac{1}{T}\int_0^T UI\sin 2\omega t\,\mathrm{d}t$$

显然电感的瞬时功率的平均值为零，即 $P=0$。

上式表明，在一个周期中，电感元件瞬时功率的平均值为零。也就是说，纯电感并不消耗电能，电感元件不是耗能的元件。

（3）无功功率。对于电感元件而言，将瞬时功率的最大值称为电感元件的无功功率，即电压的有效值和电流的有效值相乘得到的功率称为无功功率，用 Q_L 表示为

$$Q_L=UI=I^2X_L=\frac{U^2}{X_L}$$

无功功率的单位为 var（乏）或 kvar（千乏）。

【例 3.12】 已知一电感 $L=1\text{H}$，外加电压为 $u=220\sqrt{2}\sin(314t+60°)\text{V}$，求电感的感抗 X_L、流过电感的电流 i、电感元件的无功功率 Q_L，并画出电流 $\dot{I}$ 与电压 $\dot{U}$ 的相量图。

解：由题可知：角频率为 $\omega=314\text{rad/s}$，此时：

$$X_L=\omega L=314\times 1=314(\Omega)$$

而 $\dot{U}=220\angle 60°\text{V}$，由电感元件特性知：

$$\dot{I}=\frac{\dot{U}}{\mathrm{j}X_L}=\frac{220\angle 60°}{314\angle 90°}=0.7\angle -30°(\text{A})$$

故流过电感元件电流为

$$i=0.7\sqrt{2}I\sin(314t-30°)\text{A}$$

无功功率为

$$Q_L=UI=220\times 0.7=154(\text{var})$$

相量图如图 3.20 所示。

3.5.3　正弦交流电路中的电容元件

前面已经介绍过电容在直流电源电路中的充电和放电的现象和规律。当电容上带有电荷就有电压。在稳定状态下，电容上的电荷量不再变化，电流为零，此时电容相当于开路，即直流电流不能通过电容。

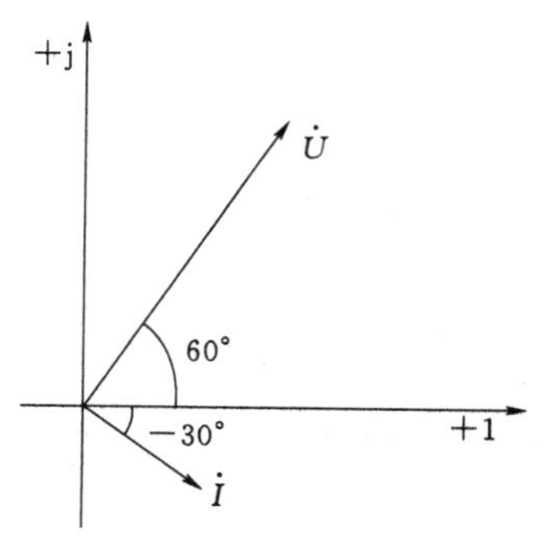

图 3.20　［例 3.12］题相量图

3.5.3.1　电容元件的电压和电流关系

一般的电容器两极板之间的绝缘电阻很高，几乎没有漏电流，因此可以认为是一个纯电容电路。图 3.21 为一电容元件，当在电容上加上一个正弦交流电压 u，此时电流与电压也是微分关系。

此时有

$$i=C\frac{\mathrm{d}u}{\mathrm{d}t}$$

若设加载电容上的正弦电压为

$$u=\sqrt{2}U\sin(\omega t+\varphi_u)$$

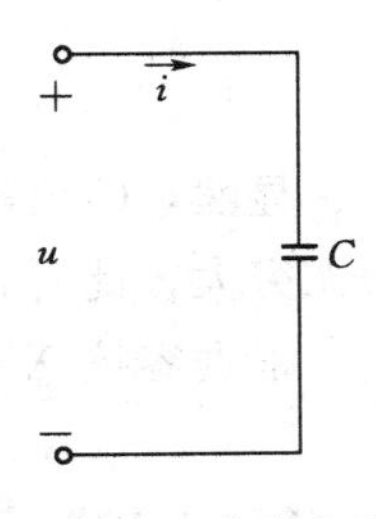

图 3.21　交流电路中的电容元件

根据电容器电压和电荷的关系，可以知道电容器极板上的电荷也按正弦规律在变化，即

$$q=Cu=\sqrt{2}UC\sin(\omega t+\varphi_u)$$

在交流电路中，当电容电压 u 增大时，极板上的电荷 q 也相应增多，表明电容器在这段时间内被充电。当电压 u 降低时，电荷 q 也在减少，表明电容器在放电。电容极板上电荷增多，表明电路中有电流流向电容，电荷在极板上储存起来；极板电荷减少时，则表明电路中有电流由电容上流出。尽管电容两极板之间是绝缘的，电荷并没有由一个极板经过介质流向另一极板，但是从电容以外的电路看，确实有充放电的电流流向电容，或由电容流出。这就是纯电容电路中的电流，它也是一个正弦交流电流，将交流电压解析式带入，可得

$$i=C\frac{\mathrm{d}\sqrt{2}U\sin(\omega t+\varphi_u)}{\mathrm{d}t}=\sqrt{2}UC\frac{\mathrm{d}\sin(\omega t+\varphi_u)}{\mathrm{d}t}$$
$$=\sqrt{2}UC\omega\cos(\omega t+\varphi_u)$$

化为正弦量有

$$i=\sqrt{2}UC\omega\sin\left(\omega t+\varphi_u+\frac{\pi}{2}\right)$$

可将电容电流写为标准的解析式：

$$i=\sqrt{2}I\sin(\omega t+\varphi_i)$$

对比上述两个交流电流的解析式，有

$$I=\omega UC$$

$$\varphi_i=\varphi_u+\frac{\pi}{2}$$

此时可知，对于正弦交流电路中电容元件而言，电压与电流也是同频率的，相位上电压滞后电流$\frac{\pi}{2}$，其波形图如图 3.22 所示。

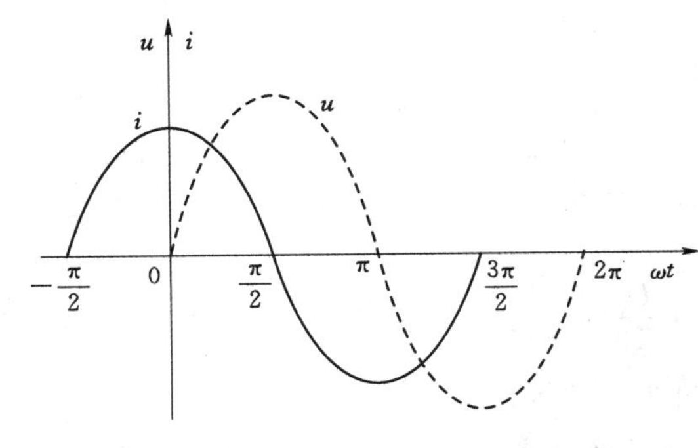

图 3.22　正弦交流电路中电容元件上电压、电流波形图

3.5.3.2　容抗

电容元件上的电压和电流有效值的比值称为容抗，用 X_C 表示，即

$$X_C=\frac{U}{I}$$

容抗 X_C 反映了电容元件阻碍交流电流通过的能力。在相同的电压下，容抗越大，则电路中的电流越小。容抗和电阻、感抗一样，单位也用欧姆（Ω）表示。

容抗的数值取决于电容量 C 和电流的频率 f，为

$$X_C=\frac{1}{2\pi fC}=\frac{1}{\omega C}$$

显然，C 值越大，X_C 越小；f 越高，X_C 越小，X_C 与 f 成反比。直流电路中，X_C 为无穷大，此时直流电路中电容视为开路。

根据容抗 X_C 的定义，可将电感元件电流与电压的关系表示如下：

$$U=X_C I \quad 或 \quad U_m=X_C I_m$$

【例 3.13】 在日光灯的电源侧并联一个 $C=3.75\mu F$ 的电容器以改善用电情况，电源电压为 220V。求电容的容抗 X_C 和该并联支路中的电流 I_C。

解： 由题知，电源工作频率为 50Hz，此时

$$X_C=\frac{1}{\omega C}=\frac{1}{314\times 3.75\times 10^{-6}}=849.3(\Omega)$$

电流为

$$I_C=\frac{U}{X_C}=\frac{220}{849.3}=0.295(A)$$

3.5.3.3 电容元件上电压、电流的相量关系

电感元件通过的交流电流为

$$u=\sqrt{2}U\sin(\omega t+\varphi_u)$$

用相量式表示为

$$\dot{U}=U\angle\varphi_u$$

此时电感元件电压为

$$i=\sqrt{2}UC\omega\sin\left(\omega t+\varphi_u+\frac{\pi}{2}\right)$$

用相量式表示为

$$\dot{I}=\omega UC\angle\varphi_u+\frac{\pi}{2}$$

此时，对电压的相量式进行化简，得

$$\dot{I}=\frac{U}{X_C}e^{\varphi_u+\frac{\pi}{2}}=\frac{U}{X_C}e^{\varphi_u}e^{\frac{\pi}{2}}$$

又因为

$$e^{\frac{\pi}{2}}=\cos\frac{\pi}{2}+j\sin\frac{\pi}{2}=j$$

故

$$\dot{I}=j\frac{U}{X_C}\angle\varphi_u$$

将 $\dot{U}=U\angle\varphi_u$ 代入，得

$$\dot{I}=j\frac{\dot{U}}{X_C}=\frac{\dot{U}}{-jX_C} \quad 或 \quad \dot{U}=-jX_C\dot{I}$$

相量图如图 3.23 所示。

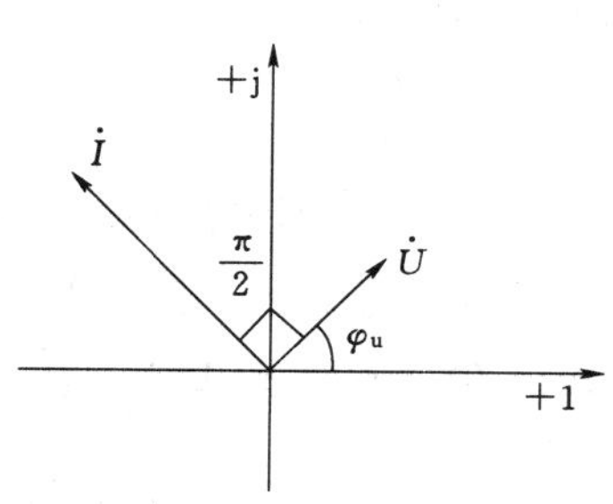

图 3.23 电容元件电压、电流相量图

3.5.3.4 电容元件的功率

(1) 瞬时功率。

如图 3.21 所示，若此时电容两端的电压为：$u=\sqrt{2}U\sin\omega t$，则

$$i=\sqrt{2}I\sin\left(\omega t+\frac{\pi}{2}\right)$$

瞬时功率为

$$p=ui=\sqrt{2}U\sin\omega t\cdot\sqrt{2}I\sin\left(\omega t+\frac{\pi}{2}\right)$$
$$=2UI\sin\omega t\cos\omega t=UI\sin2\omega t$$

电容元件和电感元件的瞬时功率相同，也是按正弦规律变化的，波形如图 3.24 所示。瞬时功率以两倍频率按正弦规律变换，时正时负，同样说明电容元件与电源之间有能量交换。当 $p>0$，电能转换为电容元件中储存的电场能；当 $p<0$，则电容中的电场能又变换为电能送还给电源。

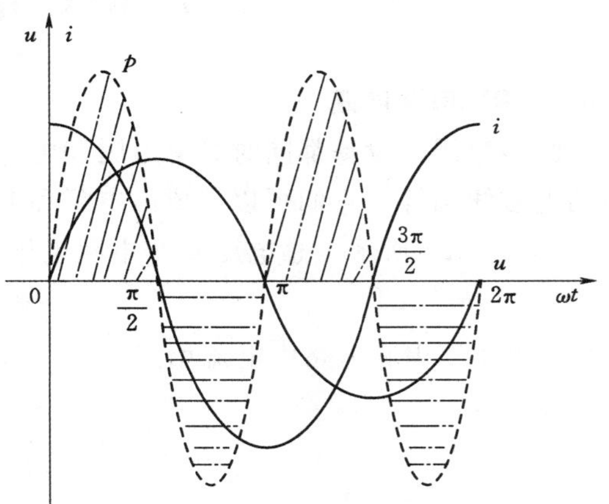

图 3.24　电容元件的瞬时功率波形图

（2）有功功率（平均功率）。

按照有功功率的定义，可得到电容元件的有功功率：

$$P=\frac{1}{T}\int_0^T p\,\mathrm{d}t=\frac{1}{T}\int_0^T UI\sin2\omega t\,\mathrm{d}t$$

显然电容的瞬时功率的平均值为零，即 $P=0$。

（3）无功功率。

电容元件的无功功率就是电容元件瞬时功率的最大值，即电容元件上电压的有效值与电流的有效值的乘积，用 Q_C 表示，单位为 var（乏）。

$$Q_C=UI=I^2X_C=\frac{U^2}{X_C}$$

【例 3.14】 已知电容 $C=25\mu F$ 的电容元件接到 $u=220\sqrt{2}\sin(314t+35°)$V 的正弦交流电路中，求：

（1）流过电容元件的电流 i、无功功率 Q_C。

（2）若此时电压频率变为 5000Hz 以后，此时电流的有效值为多少？

解：（1）由题知：

$$X_C=\frac{1}{\omega C}=\frac{1}{314\times25\times10^{-6}}=127.4(\Omega)$$

而 $\dot{U}=220\angle35°$V，则

$$\dot{I}=\frac{\dot{U}}{-jX_C}=\frac{220\angle35°}{127.4\angle-90°}=1.73\angle125°(\mathrm{A})$$

电流瞬时值表达式为

$$i=1.73\sqrt{2}\sin(314t+125°)\mathrm{A}$$

无功功率为

$$Q_C=UI=220\times1.73=380.6(\text{var})$$

(2) 若 $f=5000\text{Hz}$，则

$$X_C=\frac{1}{\omega C}=\frac{1}{2\pi fC}=\frac{1}{2\times3.14\times5000\times25\times10^{-6}}=1.274(\Omega)$$

可得

$$I=\frac{U}{X_C}=\frac{220}{1.274}=172.68(\text{A})$$

3.6 RLC 串联电路分析

3.6.1 RL 串联电路

大多数用电设备都同时具有电阻和电感。例如，日光灯的整流器线圈、各种交流接触器的电磁线圈等，它们可以看成由电阻和电感串联的电路，通常称为 RL 串联电路。

如图 3.25 所示，总电压 u 与电阻电压 u_R、电感电压 u_L 之间符合下面关系：

$$u=u_R+u_L$$

已知 RL 串联电路中电流相同，设 $i=\sqrt{2}I\sin\omega t$，可知

$$u_R=\sqrt{2}U_R\sin\omega t$$

$$u_L=\sqrt{2}U_L\sin(\omega t+90°)$$

相量式为

$$\dot{I}=I\angle0°$$

$$\dot{U}_R=\dot{I}R=U_R\angle0°$$

$$\dot{U}_L=\text{j}X_L\dot{I}=U_L\angle90°$$

根据基尔霍夫定律的相量式可知：

$$\dot{U}=\dot{U}_R+\dot{U}_L$$

图 3.26 为 RL 串联电路的电流、电压相量图。

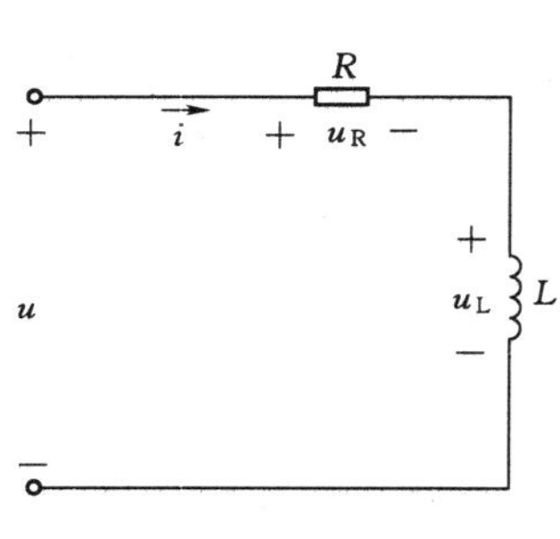

图 3.25 RL 串联电路

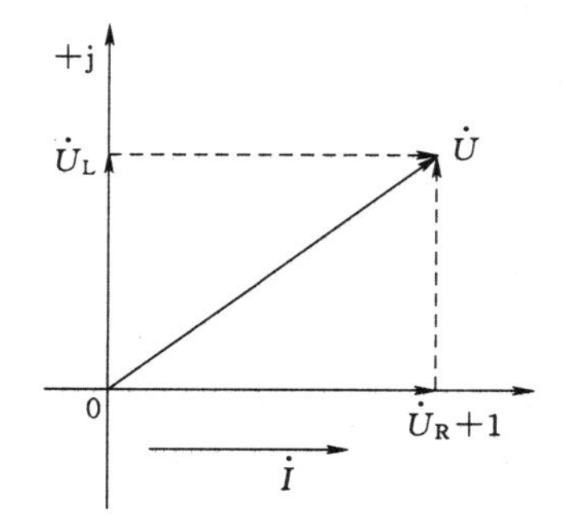

图 3.26 RL 串联电路电流、电压相量图

由图 3.26 可知，RL 串联电路中，$\dot{U}_R$、$\dot{U}_L$、$\dot{U}$ 构成一电压直角三角形，由此可得

$$U=\sqrt{U_R^2+U_L^2}$$

$$=\sqrt{(IR)^2+(IX_L)^2}=I\sqrt{R^2+X_L^2}$$

其中令$|Z|=\sqrt{R^2+X_L^2}$，则

$$U=I|Z| \quad 或 \quad |Z|=\frac{U}{I}$$

$|Z|$称为阻抗模值，单位为 Ω。

【例 3.15】 已知 1.5 吨工频炉上感应圈等效电阻 $R=0.0129\Omega$，电感 $L=201\text{mH}$，电源电压是 380V，频率为 50Hz，求通过感应圈的电流 I。

解： 工频炉的感应圈等效为一个 RL 串联电路。

感抗 $X_L=2\pi fL=2\times3.14\times50\times201\times10^{-6}=0.0632(\Omega)$

阻抗 $|Z|=\sqrt{R^2+X_L^2}=\sqrt{0.0129^2+0.0632^2}=0.0645(\Omega)$

电流

$$I=\frac{U}{|Z|}=\frac{380}{0.0645}=5891(\text{A})$$

3.6.2 复阻抗

对于阻抗而言，若此时令电压相量 $\dot{U}$ 与电流相量 $\dot{I}$ 的比值为 Z，此时的 Z 也是一个相量，称为复阻抗。

$$Z=\frac{\dot{U}}{\dot{I}}$$

设 $\dot{U}=U\angle\varphi_u$，$\dot{I}=I\angle\varphi_i$，此时复阻抗为

$$Z=\frac{\dot{U}}{\dot{I}}=\frac{U\angle\varphi_u}{I\angle\varphi_i}=\frac{U}{I}\angle\varphi_u-\varphi_i$$

即
$$Z=|Z|\angle\varphi_u-\varphi_i$$

其中，$|Z|$称为复阻抗的模值，$\varphi=\varphi_u-\varphi_i$ 称为幅角，常称为阻抗角，复阻抗的单位还是 Ω。

若将复阻抗 Z 用复数的代数式表示为

$$Z=R+\text{j}X$$

实部为电阻 R，虚部为 X。由上式可知它们之间符合阻抗三角形的特性，直角边为电阻及阻抗，斜边为复阻抗的模值，斜边与电阻边夹角为阻抗角，如图 3.27 所示。

由此可知：

$$|Z|=\sqrt{R^2+X^2},\varphi=\arctan\frac{X}{R}$$

3.6.3 RLC 串联电路

图 3.28 为 RLC 串联电路，电路中电流是相同的，总电压 u 与电阻电压 u_R、电感电压 u_L、电容电压 u_C 之间符合下面关系：

$$u=u_R+u_L+u_C$$

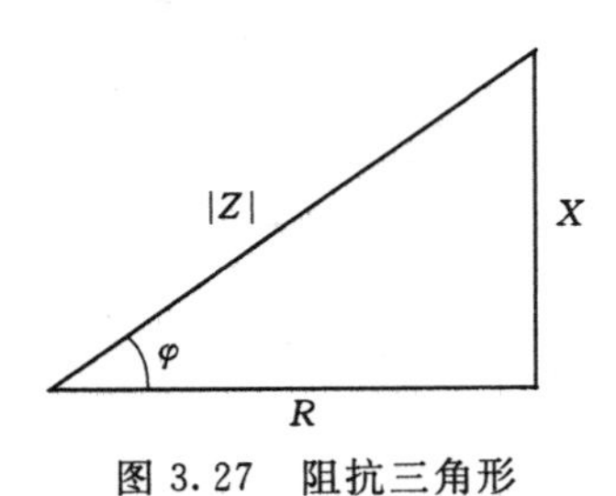

图 3.27 阻抗三角形

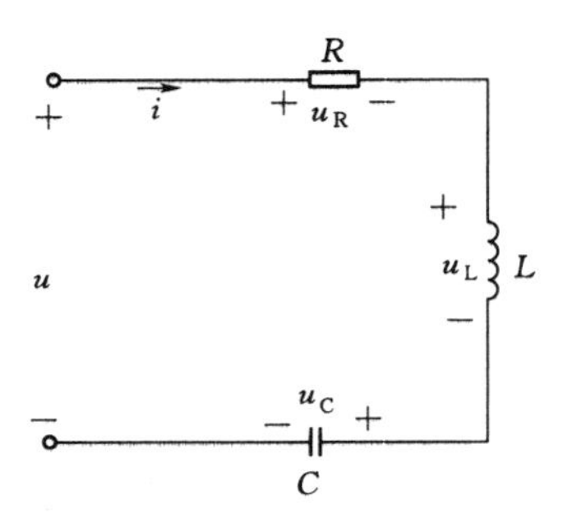

图 3.28　RLC 串联电路

设 RLC 电路中电流为

$$i=\sqrt{2}I\sin\omega t$$

则此时电阻两端电压、电感两端电压、电容两端电压分别为

$$u_R=\sqrt{2}U_R\sin\omega t$$

$$u_L=\sqrt{2}U_L\sin(\omega t+90°)$$

$$u_C=\sqrt{2}U_C\sin(\omega t-90°)$$

用相量式表示为

$$\dot{I}=I\angle 0°$$

$$\dot{U}_R=U_R\angle 0°=\dot{I}R$$

$$\dot{U}_L=U_L\angle 90°=jX_L\dot{I}$$

$$\dot{U}_C=U_C\angle -90°=-jX_C\dot{I}$$

根据基尔霍夫电压定律，则可得

$$\begin{aligned}\dot{U}&=\dot{U}_R+\dot{U}_L+\dot{U}_C\\&=\dot{I}R+jX_L\dot{I}-jX_C\dot{I}\\&=\dot{I}[R+j(X_L-X_C)]\\&=\dot{I}(R+jX)\end{aligned}$$

式中，电抗 $X=X_L-X_C$，复阻抗 $Z=R+jX$，此时有

$$\dot{U}=\dot{I}Z$$

对比欧姆定律，也可将此式称为欧姆定律的相量形式。

电抗 X 的大小直接关系电路的状态，有如下几种情况：

(1) 当 $X>0$，即 $X_L>X_C$，$U_L>U_C$，阻抗角 $0°<\varphi<90°$，此时电路属于感性电路，如图 3.29 (a) 所示。

(2) 当 $X<0$，即 $X_L<X_C$，$U_L<U_C$，阻抗角 $-90°<\varphi<0°$，此时电路属于容性电路，如图 3.29 (b) 所示。

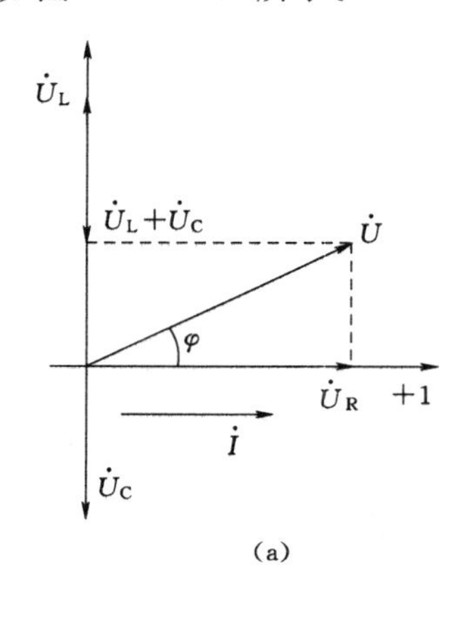

(a)

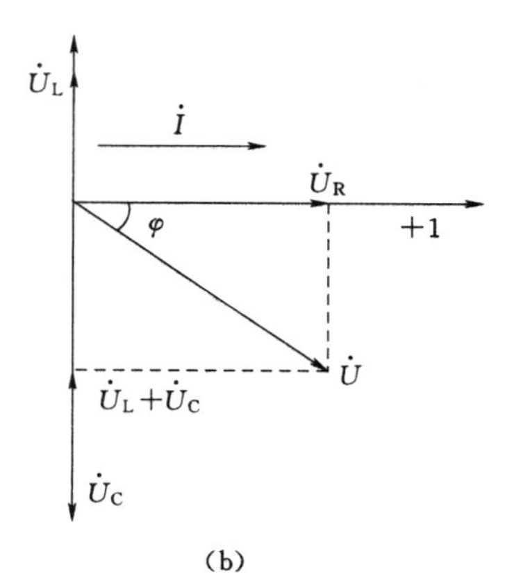

(b)

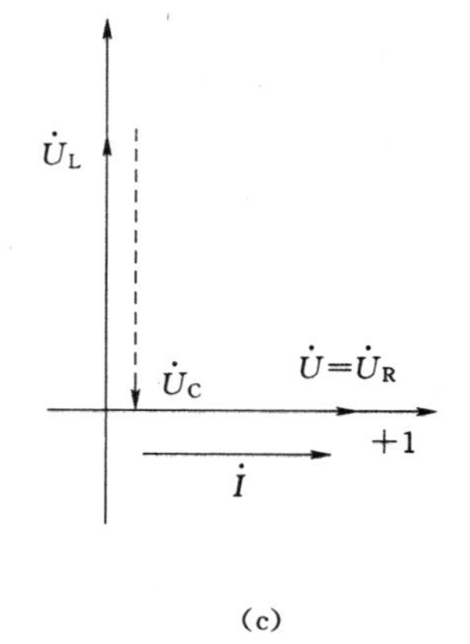

(c)

图 3.29　RLC 串联电路的相位图

（3）当 $X=0$，即 $X_L=X_C$，$U_L=U_C$，阻抗角 $\varphi=0°$，此时电路属于电阻性电路，如图 3.29（c）所示。此时电路又称为串联谐振。

【例 3.16】 将电阻 $R=30\Omega$、电感 $L=0.8\text{H}$、电容 $C=250\mu\text{F}$ 串联后接到电源上，已知电源电压 $u=100\sqrt{2}\sin100t\,\text{V}$，求电阻的复阻抗 Z、电路中电流 i，以及各电路元件两端电压 u_R、u_L、u_C，并绘制各电压的相量图。

解：由题知，感抗为

$$X_L=\omega L=100\times0.8=80(\Omega)$$

容抗为

$$X_C=\frac{1}{\omega C}=\frac{1}{100\times250\times10^{-6}}=40(\Omega)$$

电抗为

$$X=X_L-X_C=40(\Omega)$$

则复阻抗 Z 为

$$Z=R+\text{j}X=30+\text{j}40(\Omega)$$

化为极坐标式：

$$Z=\sqrt{R^2+X^2}\arctan\frac{X}{R}=50\angle53.1°(\Omega)$$

又因 $\dot{U}=100\angle0°\text{V}$，则

$$\dot{I}=\frac{\dot{U}}{Z}=\frac{100\angle0°}{50\angle53.1°}=2\angle-53.1°(\text{A})$$

电流的解析式为

$$i=2\sqrt{2}\sin(100t-53.1°)\text{A}$$

此时可得出电阻、电感以及电容上的电压为

$$\dot{U}_R=\dot{I}R=2\angle-53.1°\times30=60\angle-53.1°(\text{V})$$

$$\dot{U}_L=\text{j}X_L\dot{I}=2\angle-53.1°\times80\angle90°=160\angle36.9°(\text{V})$$

$$\dot{U}_C=-\text{j}X_C\dot{I}=2\angle-53.1°\times40\angle-90°=80\angle-143.1°(\text{V})$$

此时，电压的瞬时值表达式分别为

$$u_R=60\sqrt{2}\sin(100t-53.1°)\text{V}$$

$$u_L=160\sqrt{2}\sin(100t+36.9°)\text{V}$$

$$u_C=80\sqrt{2}\sin(100t-143.1°)\text{V}$$

此时电路呈感性，其电压、电流相量图如图 3.30 所示。

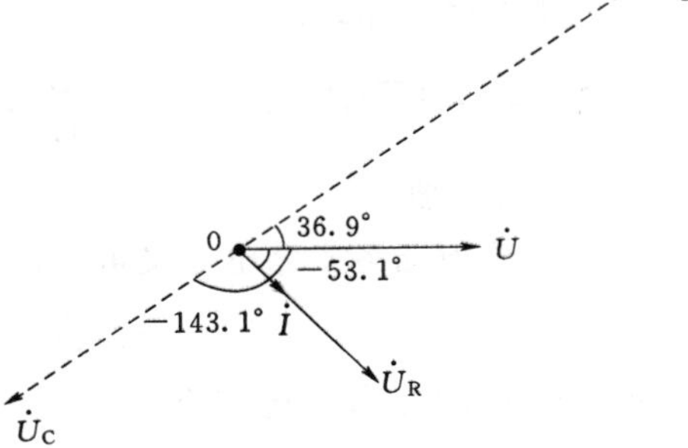

图 3.30 [例 3.16]题相量图

3.7　RLC 并联电路分析

3.6 节讨论了 RLC 串联电路的特点，那么当 RLC 并联时，其特点又如何呢？图 3.31 为 RLC 并联电路，根据基尔霍夫电流定律有

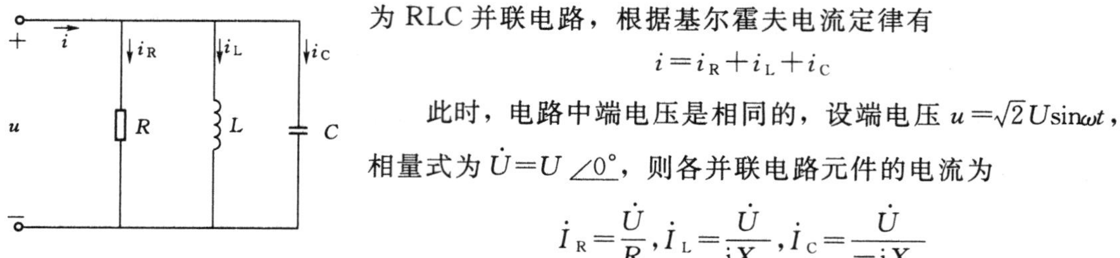

图 3.31　RLC 并联电路

$$i=i_R+i_L+i_C$$

此时，电路中端电压是相同的，设端电压 $u=\sqrt{2}U\sin\omega t$，相量式为 $\dot{U}=U\angle 0°$，则各并联电路元件的电流为

$$\dot{I}_R=\frac{\dot{U}}{R},\dot{I}_L=\frac{\dot{U}}{jX_L},\dot{I}_C=\frac{\dot{U}}{-jX_C}$$

则 KCL 相量式为

$$\dot{I}=\dot{I}_R+\dot{I}_L+\dot{I}_C=\frac{\dot{U}}{R}+\frac{\dot{U}}{jX_L}+\frac{\dot{U}}{-jX_C}=\dot{U}\left(\frac{1}{R}+\frac{1}{jX_L}+\frac{1}{-jX_C}\right)$$

复阻抗为

$$Z=\frac{\dot{U}}{\dot{I}}=\frac{1}{\frac{1}{R}+\frac{1}{jX_L}+\frac{1}{-jX_C}}=\frac{1}{\frac{1}{R}-j\frac{1}{\omega L}+j\omega C}$$

令 $B_L=\frac{1}{X_L}=\frac{1}{\omega L}$ 称为感纳、$B_C=\frac{1}{X_C}=\omega C$ 称为容纳，单位均与电导单位一样，为西门子（S）。

此时令 $Y=\frac{1}{Z}=\frac{1}{R}-j\frac{1}{\omega L}+j\omega C$，称为 RLC 并联电路的复导纳，单位为西门子（S），其值等于电流的相量式与电压相量式的比值，即 $Y=\frac{\dot{I}}{\dot{U}}$。

将感纳 B_L 与容纳 B_C 带入，有

$$Y=\frac{1}{R}-j\frac{1}{\omega L}+j\omega C=G+j(B_C-B_L)$$

令 $B=B_C-B_L$ 称为电纳，此时复导纳为

$$Y=G+jB$$

也可化为极坐标式：

$$Y=|Y|\angle\psi$$

其中　$|Y|=\sqrt{G^2+B^2}$，$\psi=\arctan\frac{B}{G}=\arctan\frac{B_C-B_L}{G}$，

式中，ψ 称为导纳角。

RLC 并联电路各支路电流又可表示为

$$\dot{I}_R=G\dot{U},\dot{I}_L=-jB_L\dot{U},\dot{I}_C=jB_C\dot{U}$$

此时对于 RLC 并联电路有

$$\dot{I}=\dot{I}_R+\dot{I}_L+\dot{I}_C=\dot{U}Y=\dot{U}(G+jB)$$

与 RLC 串联电路一样，RLC 并联电路中也可通过电纳 B 的值来判定电路的状态及性质，主要有以下几个方面：

（1）当 $B_C-B_L>0$，此时 $B>0$，$I_C>I_L$，导纳角 $\psi>0$，电流相位超前电压，电路呈电容性，如图 3.32（a）所示。

（2）当 $B_C-B_L<0$，此时 $B<0$，$I_C<I_L$，导纳角 $\psi<0$，电流相位滞后电压，电路呈电感性，如图 3.32（b）所示。

（3）当 $B_C-B_L=0$，此时 $B=0$，$I_C=I_L$，导纳角 $\psi=0$，电流与电压同相位，电路呈电阻性，如图 3.32（c）所示。

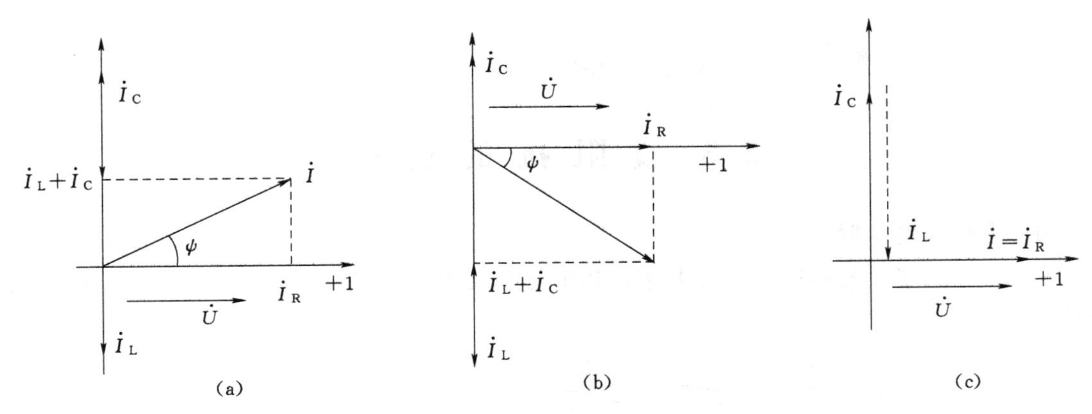

图 3.32　RLC 并联电路的相位图

【例 3.17】 已知如图 3.31 所示 RLC 并联电路，$R=10\Omega$、$L=40\text{mH}$、$C=200\mu\text{F}$，已知端电压 $u=200\sqrt{2}\sin(500t+40°)\text{V}$，求复导纳 Y、总电流 i，以及各支路电流 i_R、i_L、i_C，画出相量图。

解： 如图 3.31 所示，可得电导、感纳、容纳分别为

$$G=\frac{1}{R}=\frac{1}{10}=0.1(\text{S})$$

$$B_L=\frac{1}{\omega L}=\frac{1}{500\times40\times10^{-3}}=0.05(\text{S})$$

$$B_C=\omega C=500\times200\times10^{-6}=0.1(\text{S})$$

则复导纳 Y 为

$$Y=G+\text{j}(B_C-B_L)=0.1+\text{j}0.05(\text{S})$$

化为极坐标式为

$$Y=\sqrt{G^2+B^2}\arctan\frac{B}{G}=0.11\angle 26.6°(\text{S})$$

由题知 $\dot{U}=200\angle 40°\text{V}$，由此可得到电路总电流为

$$\dot{I}=\dot{U}Y=200\angle 40°\times0.11\angle 26.6°=22\angle 66.6°(\text{A})$$

总电流解析式为

$$i=22\sqrt{2}\sin(500t+66.6°)\text{A}$$

各支路电流的相量式分别为

$$\dot{I}_R=\dot{U}G=200\angle 40^\circ\times 0.1=20\angle 40^\circ(\text{A})$$

$$\dot{I}_L=-\text{j}\dot{U}B_L=-\text{j}200\angle 40^\circ\times 0.05=10\angle -50^\circ(\text{A})$$

$$\dot{I}_C=\text{j}\dot{U}B_C=\text{j}200\angle 40^\circ\times 0.1=20\angle 130^\circ(\text{A})$$

可得各支路电流的解析式为

$$i_R=20\sqrt{2}\sin(500t+40^\circ)\text{A}$$

$$i_L=10\sqrt{2}\sin(500t-50^\circ)\text{A}$$

$$i_C=20\sqrt{2}\sin(500t+130^\circ)\text{A}$$

相量图如图 3.33 所示。

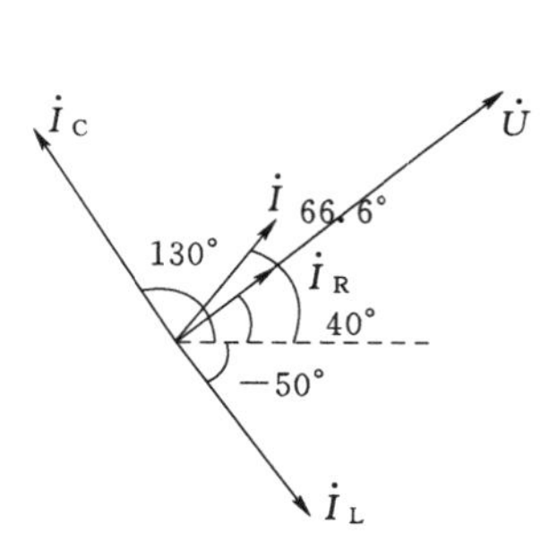

图 3.33　[例 3.17]题相量图

3.8　复阻抗的连接

3.8.1　复阻抗的串联

图 3.34 为多个复阻抗串联的电路，其中每个复阻抗 Z 都是由不同的 R、L、C 连接而成。

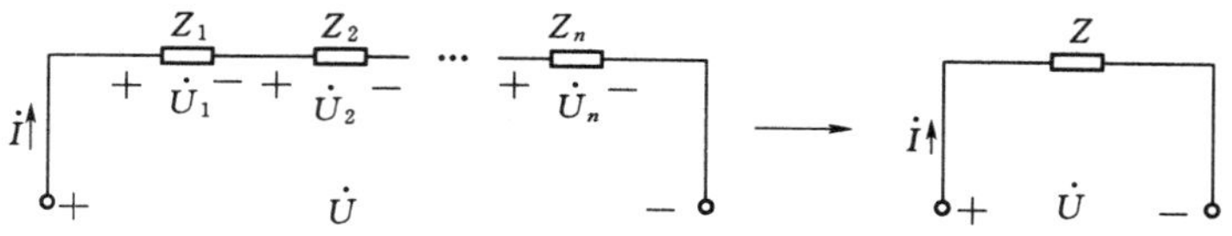

图 3.34　复阻抗的串联及等效电路

由基尔霍夫电压定律可知：

$$\begin{aligned}\dot{U}&=\dot{U}_1+\dot{U}_2+\cdots+\dot{U}_n\\&=Z_1\dot{I}+Z_2\dot{I}+\cdots+Z_n\dot{I}\\&=(Z_1+Z_2+\cdots+Z_n)\dot{I}\end{aligned}$$

而 $Z=Z_1+Z_2+\cdots+Z_n$，称为等效阻抗。

由 $\dot{U}=Z\dot{I}$，复阻抗 Z 也可写成极坐标式：

$$Z=|Z|\angle\varphi=\sqrt{R^2+X^2}\arctan\frac{X}{R}$$

注意此时电路中等效复阻抗的模值并不等于各复阻抗的模值之和，即

$$|Z|\neq|Z_1|+|Z_2|+\cdots+|Z_n|$$

【例 3.18】　已知两复阻抗 $Z_1=7-\text{j}4\Omega$、$Z_2=1+\text{j}10\Omega$ 串联电路中，接在电源电压为 $u=220\sqrt{2}\sin(314t+75^\circ)\text{V}$，求电路中流过的电流的瞬时值 i，以及两复阻抗上的电压的瞬时值 u_1 和 u_2。已知电压电流为关联参考方向。

解：由题知，两复阻抗串联后的等效阻抗为

$$Z=Z_1+Z_2=7-\text{j}4+1+\text{j}10=8+\text{j}6(\Omega)$$

Z 极坐标式为 $$Z=10\angle 36.9^\circ\ \Omega$$

又由题知：$\dot{U}=220\angle 75^\circ$V，故总电流为

$$\dot{I}=\frac{\dot{U}}{Z}=\frac{220\angle 75^\circ}{10\angle 36.9^\circ}=22\angle 38.1^\circ\text{(A)}$$

其瞬时值表达式为

$$i=22\sqrt{2}\sin(314t+38.1^\circ)\text{A}$$

复阻抗 Z_1、Z_2 的极坐标式为

$$Z_1=8.06\angle -29.7^\circ\ \Omega,Z_2=10.05\angle 84.3^\circ\ \Omega$$

此时复阻抗上的电压为

$$\dot{U}_1=Z_1\dot{I}=8.06\angle -29.7^\circ\times 22\angle 38.1^\circ=177.32\angle 8.4^\circ\text{(V)}$$

$$\dot{U}_1=Z_2\dot{I}=10.05\angle 84.3^\circ\times 22\angle 38.1^\circ=221.1\angle 122.4^\circ\text{(V)}$$

瞬时值表达式为

$$u_1=177.32\sqrt{2}\sin(314t+8.4^\circ)\text{V}$$

$$u_2=221.1\sqrt{2}\sin(314t+122.4^\circ)\text{V}$$

3.8.2 复阻抗的并联

图 3.35 为多个复阻抗并联的电路。由并联电路的特性及基尔霍夫电流定律，可得

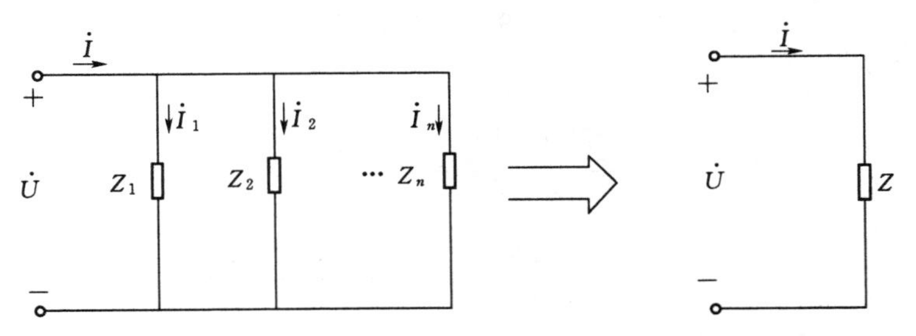

图 3.35 复阻抗的并联及等效电路

$$\begin{aligned}\dot{I}&=\dot{I}_1+\dot{I}_2+\cdots+\dot{I}_n\\&=\frac{\dot{U}}{Z_1}+\frac{\dot{U}}{Z_2}+\cdots+\frac{\dot{U}}{Z_n}\\&=\dot{U}\left(\frac{1}{Z_1}+\frac{1}{Z_2}+\cdots+\frac{1}{Z_n}\right)\end{aligned}$$

由等效电路知： $$\dot{I}=\dot{U}\frac{1}{Z}$$

此时有 $$\frac{1}{Z}=\frac{1}{Z_1}+\frac{1}{Z_2}+\cdots+\frac{1}{Z_n}$$

令 $Y=\frac{1}{Z}$，称为复导纳，单位为西门子（S），则复阻抗可用导纳表示为

$$Y=Y_1+Y_2+\cdots+Y_n$$

此时 $\dot{I}=\dot{U}Y$，由此可见复阻抗的连接分析方法与电阻连接分析方法一样。

【例 3.19】 如图 3.36 所示，已知电源电压为 $u=220\sqrt{2}\sin(314t+45°)$V，电路中电阻 $R_1=R_2=12\Omega$，阻抗与容抗都为 9Ω，求电路中的复导纳 Y、总电流 i 及支路电路 i_1 和 i_2。

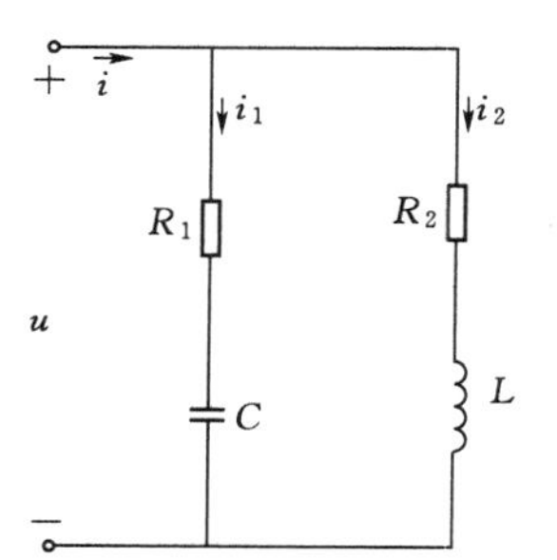

图 3.36 ［例 3.19］题图

解：由题知，R_1 和电容 C 串联，R_2 和电感 L 串联，可知复阻抗 Z_1 和 Z_2：

$$Z_1=R_1-\mathrm{j}X_C=12-\mathrm{j}9(\Omega)$$
$$Z_2=R_2+\mathrm{j}X_L=12+\mathrm{j}9(\Omega)$$

此时电路复导纳为

$$Y=\frac{1}{Z}=\frac{1}{Z_1}+\frac{1}{Z_2}=\frac{Z_1+Z_2}{Z_1Z_2}=\frac{12-\mathrm{j}9+12+\mathrm{j}9}{(12-\mathrm{j}9)(12+\mathrm{j}9)}=0.11(\mathrm{S})$$

此时，电源电压为 $\dot{U}=220\angle 45°$V，则总电流为

$$\dot{I}=\dot{U}Y=220\angle 75°\times 0.11=24.2\angle 75°(\mathrm{A})$$

瞬时值表达式为

$$i=24.2\sqrt{2}\sin(314t+75°)\mathrm{A}$$

复阻抗 Z_1、Z_2 用极坐标表示为

$$Z_1=15\angle -36.9°\,\Omega,Z_2=15\angle 36.9°\,\Omega$$

各支路电流为

$$\dot{I}_1=\frac{\dot{U}}{Z_1}=\frac{220\angle 45°}{15\angle -36.9°}=14.7\angle 81.9°(\mathrm{A})$$

$$\dot{I}_2=\frac{\dot{U}}{Z_2}=\frac{220\angle 45°}{15\angle 36.9°}=14.7\angle 8.1°(\mathrm{A})$$

支路电流瞬时值表达式为

$$i_1=14.7\sqrt{2}\sin(314t+81.9°)\mathrm{A}$$
$$i_2=14.7\sqrt{2}\sin(314t+8.1°)\mathrm{A}$$

3.9　正弦交流电路的功率

3.9.1　瞬时值功率

定义交流电路中电压与电流瞬时值的乘积为瞬时值功率，设电路中电压为 $u=\sqrt{2}U\sin\omega t$，通过的电流为：$i=\sqrt{2}I\sin(\omega t+\varphi)$，若电路中电压电流取关联参考方向时，则瞬时值功率为

$$\begin{aligned}p&=ui=\sqrt{2}U\sin\omega t\cdot\sqrt{2}I\sin(\omega t+\varphi)\\&=2UI\sin\omega t\sin(\omega t+\varphi)\end{aligned}$$

利用三角函数积化和差公式，可得

$$p=2UI\frac{\cos(\omega t+\varphi-\omega t)-\cos(\omega t+\varphi+\omega t)}{2}$$
$$=UI\cos\varphi-UI\cos(2\omega t+\varphi)$$

上式可看出，瞬时值功率由两部分组成：一部分为恒定分量 $UI\cos\varphi$，一部分为正弦分量 $UI\cos(2\omega t+\varphi)$ 且该分量的频率是电源电压频率的 2 倍。

由此可知在一个周期以内，当电压 u 与电流 i 初相位都不为 0 时，在整个周期以内电流与电压都会有两次相位相反，此时刻会有瞬时功率 $p<0$，此时电路发出电能，说明电路中有储能元件存在。

3.9.2 有功功率

根据有功功率的定义，知

$$P=\frac{1}{T}\int_0^T p\,\mathrm{d}t=\frac{1}{T}\int_0^T[UI\cos\varphi-UI\cos(2\omega t+\varphi)]\mathrm{d}t$$
$$=\frac{1}{T}\int_0^T UI\cos\varphi\,\mathrm{d}t-\frac{1}{T}\int_0^T[UI\cos(2\omega t+\varphi)]\mathrm{d}t$$
$$=UI\cos\varphi$$

以 RLC 串联电路为例，在电路中电阻 R 上有电流 i 通过时消耗的电功率为

$$P_R=I^2R=U_RI$$

电路中的电感、电容不消耗电功率，其瞬时功率的平均值为零，即

$$P_L=P_C=0$$

根据能量守恒和转换原理，可以知道整个电路的平均功率等于电路中各元件平均功率之和。平均功率也称为有功功率，用 P 表示，则有

$$P=P_R+P_L+P_C=I^2R=U_RI=P_R$$
$$P=UI\cos\varphi=P_R$$

式中　φ——功率因数角；

$\cos\varphi$——功率因数。

功率因数的大小是表示电源功率被利用的程度，在电力工程上，力求使功率因素的值接近于 1。

3.9.3 无功功率

许多用电设备均是根据电磁感应原理工作的，如配电变压器、电动机等，它们都是依靠建立交变磁场才能进行能量的转换和传递。

为建立交变磁场和感应磁通而需要的电功率称为无功功率，所谓的“无功”并不是“无用”的电功率，只不过它的功率并不转化为机械能、热能而已。因此在供用电系统中除了需要有功电源外，还需要无功电源，两者缺一不可。无功功率单位为乏（var）。

无功功率定义为

$$Q=UI\sin\varphi$$

在 RLC 串联电路中，电感 L 和电容 C 上无功功率为

$$Q_L=I^2X_L=U_LI$$
$$Q_C=I^2X_C=U_CI$$

此时电路总无功功率为

$$Q=Q_L-Q_C=I^2(X_L-X_C)=I^2X$$

在电力网的运行中，功率因数反映了电源输出的视在功率被有效利用的程度，我们希望的是功率因数越大越好。这样电路中的无功功率可以降到最小，视在功率将大部分用来供给有功功率，从而提高电能输送的功率。

3.9.4 视在功率

在交流电路中，电压 U 和电流 I 的乘积虽然具有功的形式，但它既不能代表一般交流电路实际消耗的有功功率，也不代表交流电路的无功功率，我们把交流电路电压有效值和电流有效值的乘积称为视在功率，用字母 S 表示，即

$$S=UI$$

视在功率的单位用 VA（伏安）表示，大容量的电气设备的视在功率的单位为 kVA（千伏安）和 MVA（兆伏安）。

视在功率是指在额定的电压 U 和电流 I 下，电源可能提供的或负载可能占用的最大功率。一般的交流电源设备，如交流发电机、变压器可以安全运行的限额，为额定电压 U_N 和额定电流 I_N。这两个额定值的乘积称为额定视在功率（亦称额定视在容量），即

$$S_N=U_NI_N$$

3.9.5 功率三角形

交流电路中的有功功率、无功功率、视在功率三者在数值上存在如图 3.37 所示的三角形，称为功率三角形。

视在功率 $S=\sqrt{P^2+Q^2}$

有功功率 $P=UI\cos\varphi=S\cos\varphi$

无功功率 $Q=UI\sin\varphi=S\sin\varphi$

功率因数及功率因数角

$$\cos\varphi=\frac{P}{S},\varphi=\arctan\frac{Q}{P}$$

【例 3.20】 如图 3.38 所示电路中，已知 $\dot{U}=220\angle30°$V、$R_1=12\Omega$、$R_2=6\Omega$、$X_L=8\Omega$、$X_C=9\Omega$，求电路中的有功功率、无功功率、视在功率及功率因数。

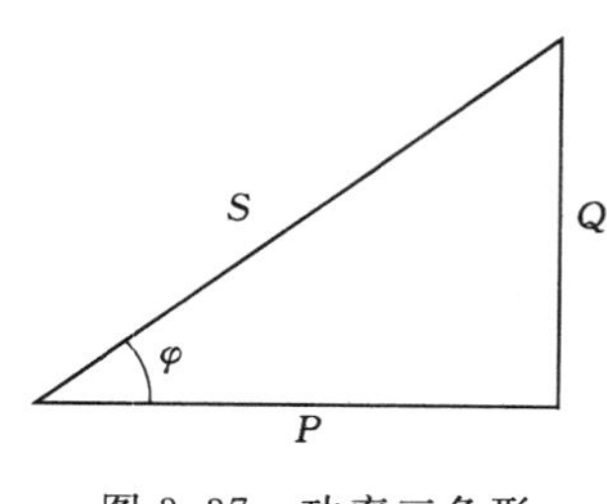

图 3.37 功率三角形

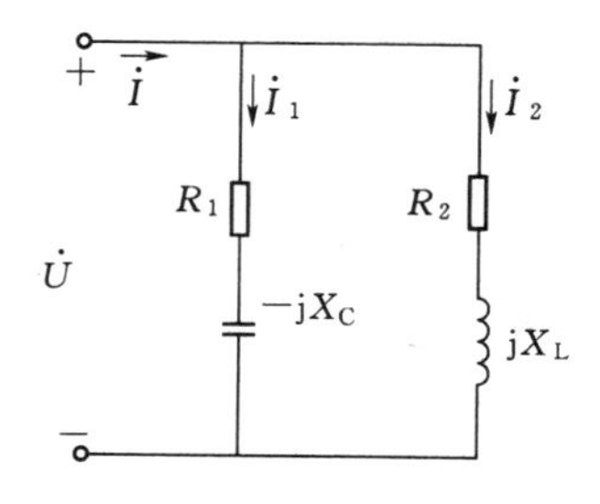

图 3.38 ［例 3.20］题图

解： 由图 3.38 可知，两条支路复阻抗为

$$Z_1=R_1-jX_C=12-j9=15\angle-36.9°(\Omega)$$

$$Z_2=R_2+jX_L=6+j8=10\angle 53.1^\circ(\Omega)$$

总复阻抗 Z 为

$$Z=\frac{1}{\frac{1}{Z_1}+\frac{1}{Z_2}}=\frac{Z_1Z_2}{Z_1+Z_2}=\frac{(12-j9)(6+j8)}{12-j9+6+j8}=8.32\angle 19.38^\circ(\Omega)$$

总电流即为

$$\dot{I}=\frac{\dot{U}}{Z}=\frac{220\angle 30^\circ}{8.32\angle 19.38^\circ}=26.44\angle 10.62^\circ(A)$$

此时，视在功率为

$$S=UI=220\times 26.44=5816.8(VA)$$

功率因数角即为阻抗角，$\varphi=19.38^\circ$。

则功率因数 $\cos\varphi=\cos 19.38^\circ=0.94$

有功功率 $P=UI\cos\varphi=5816.8\times 0.94=5467.792(W)$

无功功率 $Q=UI\sin\varphi=5816.8\times\sin 19.38^\circ=1919.544(var)$

3.10 功 率 因 数

在交流电路中，各元件的有功功率可以直接相加，各元件的无功功率也可以直接加减，这样整个电路的总有功功率、总无功功率均可以求取，然后按下式进行计算整个电路的功率因数：

$$\cos\varphi=\frac{P}{S}=\frac{P}{\sqrt{P^2+Q^2}}$$

3.10.1 提高功率因数的意义

交流电路中，功率因数越低，电源设备的容量就越不能得到充分的利用，输电线路的功率损耗越大。

为了充分发挥电源设备的利用效率，降低电网中的功率和电能的损耗，提高供电质量，国家在有关供用电的规程中规定了工业和民用的电力用户功率因数应达到的最低标准。

3.10.2 提高功率因数的方法

当电气设备运行时，电力系统会存在以下几种情况：

(1) 大量的电感性设备，如异步电动机、感应电炉、交流电焊机等是无功功率的主要消耗者。据有关统计，在工矿企业所消耗的全部无功功率中，异步电动机的无功消耗占总无功功率的60%～70%；而在异步电动机空载时所消耗的无功又占到电动机总无功消耗的60%～70%。所以要改善异步电动机的功率因数就要防止电动机的空载运行并尽可能提高负载率。

(2) 变压器消耗的无功功率一般约为其额定容量的10%～15%，它的空载无功功率约为满载时的1/3。因而，为了改善电力系统和企业的功率因数，变压器不应空载运行或长期处于低负载运行状态。

(3) 供电电压超出规定范围也会对功率因数造成很大的影响。当供电电压高于额定值的10%时，由于磁路饱和的影响，无功功率将增长得很快。据有关资料统计，当供电电压为额定值的110%时，一般无功功率将增加35%左右。当供电电压低于额定值时，无功功率也相应减少而使它们的功率因数有所提高。但供电电压降低会影响电气设备的正常工作。所以，应当采取措施使电力系统的供电电压尽可能保持稳定。

提高功率因数通常采用无功补偿的办法。无功补偿通常采用的方法主要有3种：低压个别补偿、低压集中补偿、高压集中补偿。

3.10.2.1 低压个别补偿

低压个别补偿就是根据个别用电设备对无功的需要量将单台或多台低压电容器组分散地与用电设备并接，且与用电设备共用一套断路器，通过控制、保护装置与电机同时投切。随机补偿适用于补偿个别大容量且连续运行（如大中型异步电动机）的无功消耗，以补励磁无功为主。用电设备运行时，无功补偿投入，用电设备停运时，补偿设备也退出，因此不会造成无功倒送。低压个别补偿具有投资少、占位小、安装容易、配置方便灵活、维护简单、事故率低等优点。

3.10.2.2 低压集中补偿

低压集中补偿是指将低压电容器通过低压开关接在配电变压器低压母线侧，以无功补偿投切装置作为控制保护装置，根据低压母线上的无功负荷而直接控制电容器的投切。电容器的投切是整组进行，做不到平滑的调节。低压补偿的优点：接线简单、运行维护工作量小，使无功就地平衡，从而提高配变利用率，降低网损，具有较高的经济性，是目前无功补偿中常用的手段之一。

3.10.2.3 高压集中补偿

高压集中补偿是指将并联电容器组直接装在变电站的6～10kV高压母线上的补偿方式。适用于用户远离变电站或在供电线路的末端，用户本身又有一定的高压负荷时，可以减少对电力系统无功的消耗并可以起到一定的补偿作用。补偿装置根据负荷的大小自动投切，从而合理地提高了用户的功率因数，避免功率因数降低导致电费的增加。同时便于运行维护，补偿效益高。

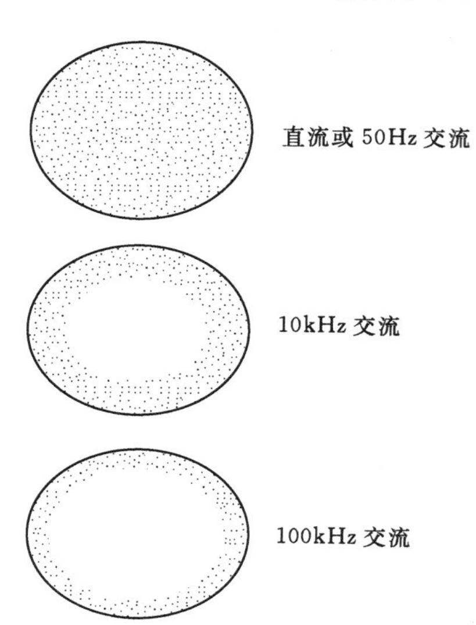

图3.39 交流电流的趋肤效应

3.10.3 交流电流的趋肤效应

直流电流流过导线时，电流在导线的截面内是均匀分布的。交流电通过导体时，各部分的电流密度不均匀，导体内部电流密度小，导体表面电流密度大，这种现象称为趋肤效应，如图3.39所示。产生趋肤效应的原因是由于感抗的作用，导体内部比表面具有更大的电感L，因此对交流电的阻碍作用大，使得电流密集于导体表面。趋肤效应使得导体的有效横截面减小，因而导体对交流电的有效电阻比对直流电的电阻大。

交流电的频率越高，趋肤效应越显著，频率高到

一定程度，可以认为电流完全从导体表面流过。因此在高频交流电路中，必须考虑趋肤效应的影响，例如收音机磁性天线上的线圈用多股互相绝缘的导线绕制等。

3.11 谐　振

谐振现象是正弦交流电路在特定条件下所产生的一种特殊现象，在无线电通信技术、电工技术以及传感器技术中得到广泛使用，因此研究电路中的谐振现象有着重要的实际意义。RLC 串联电路与 RLC 并联电路中会产生串联谐振与并联谐振。

3.11.1 串联谐振

图 3.40 为一串联谐振电路。

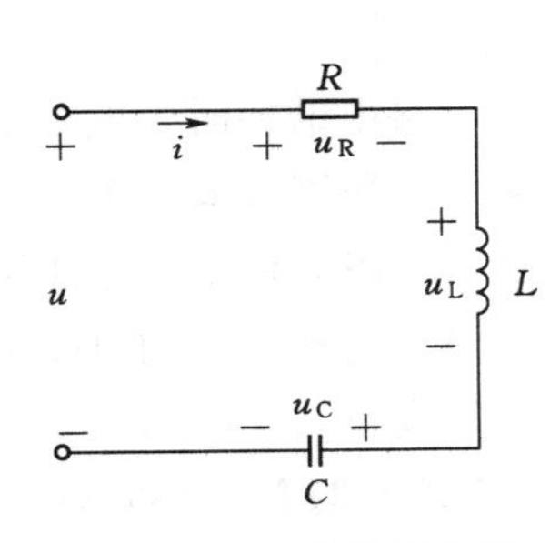

图 3.40 串联谐振电路

电路的复阻抗为

$$Z=R+\mathrm{j}X=R+\mathrm{j}(X_L-X_C)$$

也可描述为

$$Z=\sqrt{R^2+(X_L-X_C)^2}\angle \arctan\frac{X_L-X_C}{R}$$

当电路中感抗与容抗相等，即 $X_L=X_C$，电路呈电阻性，此时电压与电流同相位，即串联谐振现象。

因此我们可将串联谐振现象产生的条件是

$$X_L-X_C=0$$

可求出角频率为

$$\omega L-\frac{1}{\omega C}=0\Rightarrow\omega=\sqrt{\frac{1}{LC}}$$

由上式可知，串联谐振还与角频率 ω 有关，可以通过改变电感系数 L、电容系数 C 及角频率 ω 来调节电路中的谐振现象，称为调谐。

此时由于 $\omega=2\pi f$ 可将谐振频率及周期求出，即

$$f=\frac{1}{2\pi\sqrt{LC}}\Rightarrow T=2\pi\sqrt{LC}$$

上式可知谐振频率与电阻大小无关，仅取决于电路中电感 L 和电容 C 的大小，其反映了串联电路的固有性质。当电路中改变 L、C 和 f 中的任一个量，都可使电路发生谐振现象。

通过对谐振电路的分析可知串联谐振电路还存在以下特征：

（1）电路发生谐振时，电流与电压同相位，电路为纯电阻性，$Z=R$，此时阻抗最小，由于电路中电流为 $I=\frac{U}{|Z|}=\frac{U}{R}$，电流此时达到最大。

（2）电路发生谐振时，$\dot{U}_L$ 与 $\dot{U}_C$ 大小相等，方向相反，进行运算时相互抵消，此时 $\dot{U}_R=\dot{U}$。可求出电感元件即电容元件上的电压：

$$\dot{U}_L=\mathrm{j}X_L\dot{I}=\mathrm{j}X_L\frac{\dot{U}}{R}$$

$$\dot{U}_C = jX_C\dot{I} = -jX_C\frac{\dot{U}}{R}$$

若令 $Q=\frac{X_L}{R}=\frac{X_C}{R}$，有

$$\dot{U}_L = jQ\dot{U}$$

$$\dot{U}_C = -jQ\dot{U}$$

Q 称为谐振电路的品质因数，由上式也可得到

$$Q=\frac{U_L}{U}=\frac{\omega L}{R}=\frac{1}{\omega CR}=\frac{1}{R}\sqrt{\frac{L}{C}}$$

电路中谐振时，电感电压为电源电压的 Q 倍，因此又将串联谐振称为电压谐振。而电路中品质因数 Q 的值一般为 50～200，因此只要电路中发生谐振现象时，即使电源电压不高，电路元件上的电压可能会很高。特别是在电力系统中，电气设备会由于谐振现象发生故障。选择合适的电感 L 及电容 C，可以避免因谐振现象而产生的过电压现象，进而保护电气设备。

【例 3.21】 已知 RLC 串联电路中，已知 $R=10\Omega$、$L=0.5\text{mH}$，若调节电路中的频率使回路中电流达到最大值 0.5mA 时，频率为 1000kHz，求电源电压、电容 C、电感元件上电压 U_L 以及品质因数 Q。

解： 由题知，要使电路中达到最大电流，则此时电路处于谐振状态。

此时，电源电压为

$$U=U_R=IR=0.5\times10=5(\text{mA})$$

电容 C 为

$$C=\frac{1}{\omega^2 L}=\frac{1}{(2\pi f)^2 L}=\frac{1}{4\times3.14^2\times(1000\times10^3)^2\times0.5\times10^{-3}}=50.7(\text{pF})$$

电感元件电压为

$$U_L=IX_L=I\omega L=0.5\times10^{-3}\times1000\times10^3\times0.5\times10^{-3}=0.25(\text{V})$$

品质因数 Q 为

$$Q=\frac{U_L}{U}=\frac{0.25}{0.005}=50$$

3.11.2 并联谐振

由于并联电路中发生的谐振现象称为并联谐振，工程上常使用电感元件与电容元件并联组成并联谐振电路。图 3.41 为 RLC 并联谐振电路。

由图 3.41 可知，电路的复导纳 Y 为

$$Y=\frac{1}{R+jX_L}+j\frac{1}{X_C}=\frac{1}{R+j\omega L}+j\omega C$$

$$=\frac{R-j\omega L}{(R+j\omega L)(R-j\omega L)}+j\omega C$$

$$=\frac{R-j\omega L}{R^2+(\omega L)^2}+j\omega C$$

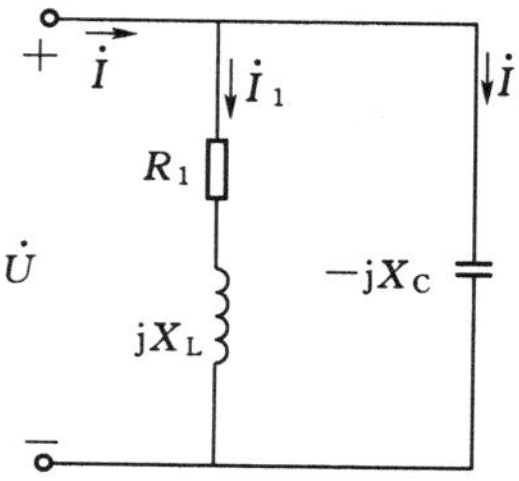

图 3.41 并联谐振电路

$$=\frac{R}{R^2+(\omega L)^2}-\frac{\mathrm{j}\omega L}{R^2+(\omega L)^2}+\mathrm{j}\omega C$$

$$=\frac{R}{R^2+(\omega L)^2}+\mathrm{j}\left[\omega C-\frac{\omega L}{R^2+(\omega L)^2}\right]$$

此时复导纳 Y 的虚部为零时，$\mathrm{Im}[Y]=0$。电路中 $\dot{U}$ 与总电流 $\dot{I}$ 同相位，电路发生谐振现象。有

$$\omega C-\frac{\omega L}{R^2+(\omega L)^2}=0\Rightarrow\omega C=\frac{\omega L}{R^2+(\omega L)^2}$$

此时可得电容 C 为

$$C=\frac{L}{R^2+(\omega L)^2}$$

亦可求得并联谐振的角频率为

$$\omega=\sqrt{\frac{1}{LC}-\frac{R^2}{L^2}}=\sqrt{\frac{1}{LC}\left(1-\frac{R^2C}{L}\right)}=\frac{1}{\sqrt{LC}}\sqrt{1-\frac{R^2C}{L}}$$

谐振频率也可得出

$$f=\frac{1}{2\pi\sqrt{LC}}\sqrt{1-\frac{R^2C}{L}}$$

由上式可看出谐振频率将由电路参数决定，只有当 $1-\frac{R^2C}{L}>0\Rightarrow R<\sqrt{\frac{L}{C}}$，此时谐振频率为实数，电路的谐振频率才存在。若 $R>\sqrt{\frac{L}{C}}$ 时，谐振频率为虚数，电路不发生谐振。

通过对并联电路的分析，电路发生并联谐振时，还有以下特征：

（1）电路发生谐振时，复阻抗达到最大值，复导纳为最小值。

$$Y=\mathrm{Re}[Y]=\frac{R}{R^2+(\omega L)^2}=\frac{R}{R^2+\left(\frac{1}{LC}-\frac{R^2}{L^2}\right)L^2}=\frac{CR}{L}$$

复阻抗 Z 为

$$Z=\frac{L}{CR}$$

（2）并联谐振时，总电流与电压同相位，此时电流值最小。

（3）电路并联谐振时，电流支路与电感支路大小近似相等，为总电流的 Q 倍，即

$$I_{\mathrm{L}}=I_{\mathrm{C}}=\frac{U}{\omega L}=U\omega C$$

电路总电流为

$$I=UY=U\frac{CR}{L}$$

此时有

$$\frac{I_L}{I}=\frac{U\dfrac{1}{\omega L}}{U\dfrac{CR}{L}}=\frac{1}{\omega CR}\Rightarrow I_L=QI$$

$$\frac{I_C}{I}=\frac{U\omega C}{U\dfrac{CR}{L}}=\frac{\omega L}{R}\Rightarrow I_C=QI$$

此时，品质因数 $Q=\dfrac{\omega L}{R}$ 或 $Q=\dfrac{1}{\omega CR}$，则

$$\frac{I_L}{I}=\frac{I_C}{I}=Q$$

因此并联谐振又称为电流谐振。

习　　题

3.1　正弦交流电的三要素是什么？

3.2　正弦交流电的最大值、有效值之间有什么关系？

3.3　正弦交流电的周期、频率、角频率之间有什么关系？

3.4　已知电压解析式为 $u=311\sin(100\pi t+45°)\text{V}$，试分析

（1）最大值、有效值、角频率、频率、初相位、周期；

（2）写出其相量表示形式；

（3）绘制相量图。

3.5　已知电流、电压的解析式如下所示，试转为极坐标式，并绘制相量图。

（1）$i=5\sqrt{2}\sin(314t+20°)\text{A}$；　　（2）$u=10\sqrt{2}\sin(\omega t-70°)\text{V}$；

（3）$i=-50\sin(\omega t+45°)\text{A}$；　　（4）$u=-50\sqrt{2}\sin(\omega t-175°)\text{V}$；

（5）$i=15\sin(314t-225°)\text{A}$；　　（6）$u=20\sin(314t+225°)\text{V}$。

3.6　已知电压电流的解析式如下所示，求相位差，并说明相位关系。

（1）$u_1=20\sqrt{2}\sin(100t+30°)\text{V}$，$u_2=40\sqrt{2}\sin(100t-60°)\text{V}$；

（2）$i=2\sqrt{2}\sin(50t+75°)\text{A}$，$u=\sqrt{2}\sin(50t+175°)\text{V}$；

（3）$i=2\sqrt{2}\sin(50t-90°)\text{A}$，$u=-\sqrt{2}\sin(314t+20°)\text{V}$；

（4）$i_1=-3\sqrt{2}\sin(200t-35°)\text{A}$，$i_2=5\sqrt{2}\sin(200t-75°)\text{A}$。

3.7　已知某正弦电流 i，有效值为220V，初相位为30°，频率为50Hz，试写出该电流的解析式、相量式。

3.8　已知正弦交流电的角频率为 ω，试将下式化简为解析式的形式。

（1）$\dot{U}=(\sqrt{3}+\text{j}1)\text{V}$；　　（2）$\dot{U}=-\text{j}100\text{V}$；　　（3）$\dot{I}=(9+\text{j}12)\text{A}$；

（4）$\dot{I}=220\text{A}$；　　（5）$\dot{I}=(-3-\text{j}4)\text{A}$；　　（6）$\dot{U}=(50-\text{j}40)\text{V}$。

3.9　观察以下表达式是否有误，如有错误，请改正。

（1）$I=110\angle 20°\text{A}$；

(2) $u=22\sqrt{2}\sin75°\text{V}$；

(3) $\dot{U}=2\sqrt{2}\sin(50t-9°)\text{V}=2\angle 9°\text{V}$；

(4) $i=5\sin(\omega t+45°)\text{A}=5\angle 45°\text{V}$；

(5) $\dot{U}=10\text{e}^{40°}\text{V}$；

(6) $u=20\sqrt{2}\sin(314t-50°)\text{V}\Rightarrow\dot{U}_{\text{m}}=20\angle -50°\text{V}$。

3.10　已知电流 $i_1=2\sqrt{2}\sin(314t+45°)\text{A}$、$i_2=4\sqrt{2}\sin(314t-60°)\text{A}$、求 i_1+i_2、i_1-i_2、$i_1\times i_2$、i_1/i_2。

3.11　交流电路中的电路元件有哪些？对应的电路参数是什么？

3.12　已知单一电阻元件交流电路中，电压与电流为关联参考方向，$R=50\Omega$，电阻两端电压为 $u=200\sqrt{2}\sin(100\pi t+50°)\text{V}$，求电压与电流的相量式、电流 i、有功功率 P，并绘制相量图。

3.13　已知单一电感元件电路，$L=100\text{mH}$，接入 $u=200\sqrt{2}\sin(314t+70°)\text{V}$ 电路中，取电压、电流为关联参考方向，求感抗 X_{L}、$\dot{I}$、$\dot{U}$、i 及无功功率 Q_{L} 并绘制相量图。

3.14　已知单一电容元件电路中，$C=50\mu\text{F}$、接入 $u=220\sqrt{2}\sin(314t-15°)\text{V}$ 交流电路中，取电压、电流为关联参考方向，求容抗 X_{C}、$\dot{I}$、$\dot{U}$、i 及无功功率 Q_{C} 并绘制相量图。

3.15　交流电路中，为什么单一电感元件电路与单一电容元件电路不消耗电能？

3.16　感性负载与容性负载分别是什么？

3.17　$\text{j}X_{\text{L}}$ 和 $-\text{j}X_{\text{C}}$ 分别表示什么？式中“－”怎么理解？

3.18　试分析交流电路中，电感元件与电容元件的电压与电流之间关系。

3.19　正弦交流电路中的某一节点，已知流出该节点的电流为 i_3，流入该节点的电流分别是：$i_1=3\sqrt{2}\sin(\omega t+30°)\text{A}$，$i_2=5\sqrt{2}\sin(\omega t+45°)\text{A}$，求 i_3。

3.20　如图 3.42 所示 RL 串联电路中，已知 $R=50\Omega$、$L=15.9\text{mH}$、$u=220\sqrt{2}\cdot\sin(314t+30°)\text{V}$，求 i、u_{R}、u_{L} 并绘制相量图。

3.21　如图 3.43 所示 RC 串联电路中，已知 $R=100\Omega$、$C=100\mu\text{F}$、电源电压 $u=220\sqrt{2}\cdot\sin(314t+45°)\text{V}$，求 i、u_{R}、u_{C} 并绘制相量图。

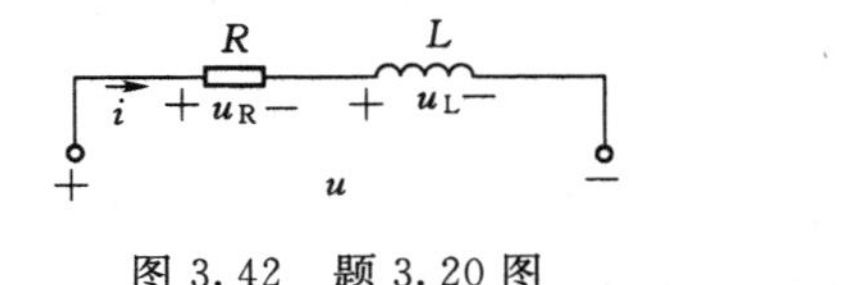

图 3.42　题 3.20 图

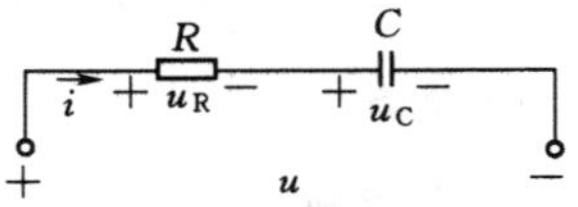

R
C
i
+ uR −
+ uC −
+
u
−

图 3.43　题 3.21 图

3.22　已知某元件在关联参考方向下的电压、电流分别为：

(1) $u=20\sqrt{2}\sin(314t+45°)\text{V}$，$i=2\sqrt{2}\sin(314t+135°)\text{A}$；

(2) $u=10\sqrt{2}\sin(500t+90°)\text{V}$，$i=5\sqrt{2}\sin500t\text{A}$；

(3) $u=200\sin314t\text{V}$，$i=10\cos(314t+90°)\text{A}$；

(4) $u=30\sin(314t+45°)$V；$i=20\sin314t$A。

分析该元件可能是什么元件，并求其参数。

3.23 已知将某电感线圈接入DC 12V电源上，通过电流为3A，若接入220V的工频交流电路中，通过的电流变为了10A，求此电感线圈的电阻及电感。

3.24 已知在纯电容交流电路中，已知 $u=220\sqrt{2}\sin(100\pi t+30°)$V，$X_C=110\Omega$，求电容流过的电流 I 与 i、有功功率 P 及无功功率 Q_C。

3.25 已知RL串联电路，接入 $u=110\sqrt{2}\sin(314t+60°)$V 电源中，此时电路中的电流为 $i=10\sqrt{2}\sin(314t+35°)$A，求复阻抗 Z、有功功率 P 及无功功率 Q。

3.26 已知RL串联电路中，$R=60\Omega$，$X_L=80\Omega$，接入 $u=220\sqrt{2}\sin(314t+45°)$V 交流电路中、求 i、P、Q、S 以及功率因数，并绘制相量图。

3.27 已知有一电炉由两条电阻丝并联，每条电阻丝的电阻都为100Ω，电炉的铭牌上有如下标识：AC 220V，50Hz，求电炉正常工作时的总电流，以及电炉的额定功率。

3.28 将一感性负载接入 $\dot{U}=380\angle 0°$V 的工频电源上，此时有 $P=200$kW，电路的功率因数为0.6，现需将功率因数提高至0.9，此时需并联多大电容？

3.29 已知某复阻抗接入 $u=110\sqrt{2}\sin(314t+40°)$V 的电源上，此时通过的电流为 $\dot{I}=11\angle -20°$A，求电路的复阻抗 Z、阻抗角 φ、功率因数 $\cos\varphi$。

3.30 已知RC串联电路中，$R=4\Omega$，$X_L=3\Omega$，接入 $u=22\sqrt{2}\sin(314t+30°)$V 电路中，求电容 C、电容两端电压 u_C。

3.31 如图3.44所示RLC串联电路，已知 $u=10\sqrt{2}\sin1000t$V，$R=8\Omega$，$L=6$mH，$C=5\mu$F，求 u_R、u_L、u_C 及 i，并绘制相量图。

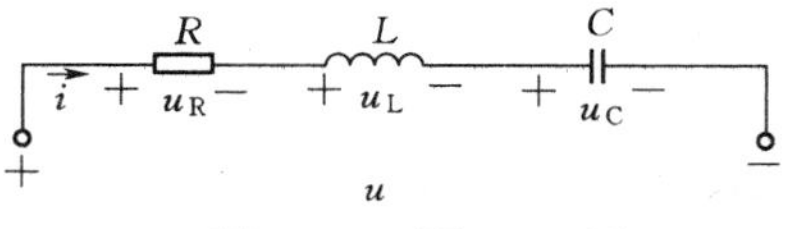

图3.44 题3.31图

3.32 已知RLC串联电路中，$u=220\sqrt{2}\sin314t$V，$R=30\Omega$，$X_L=80\Omega$，$X_C=120\Omega$，求 u_R、u_L、u_C、i 及功率因数，并绘制相量数。

3.33 已知RLC串联电路中，$u=200\sqrt{2}\sin(1000t+45°)$V，$R=30\Omega$，$L=10$mH，$C=20\mu$F，求 $\dot{I}$、$\dot{U}_R$、$\dot{U}_L$、$\dot{U}_C$ 和 P、Q、S 及功率因数。

3.34 已知RLC串联电路中，$R=8\Omega$，$X_L=12\Omega$，$X_C=4\Omega$，测得电流为 $\dot{I}=4\sqrt{2}\angle 45°$A，求 $\dot{U}$、$\cos\varphi$、P、Q 及 S。

3.35 已知RLC串联接入 $u=220\sqrt{2}\sin(314t-55°)$V 电源中，$R=30\Omega$，$L=0.13$mH，$C=39.78\mu$F，求 X_L、X_C、复阻抗 Z、i、u_R、u_L、u_C。

3.36 已知如图3.45所示电路，求电路中的电流 I。

3.37 如图3.46所示电路，已知 $\dot{U}=200\angle 45°$V，求电路中的电流 $\dot{I}$、$\dot{I}_1$、$\dot{I}_2$。

3.38 已知RL并联电路中，$R=4\Omega$，$X_L=3\Omega$，接入 $u=220\sqrt{2}\sin(314t+40°)$V 交流电源中，求 P、Q、S 及功率因数。

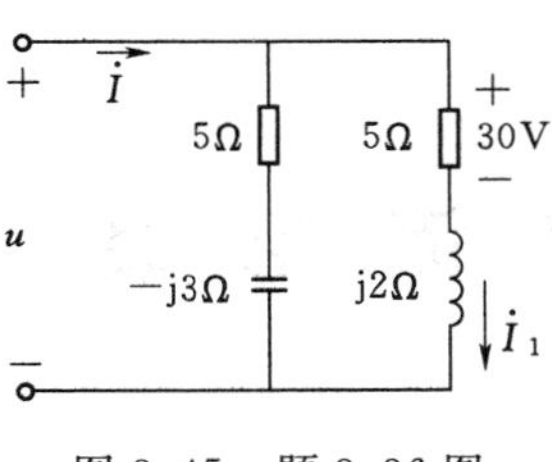

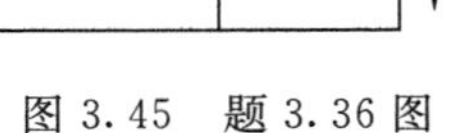

图 3.45　题 3.36 图

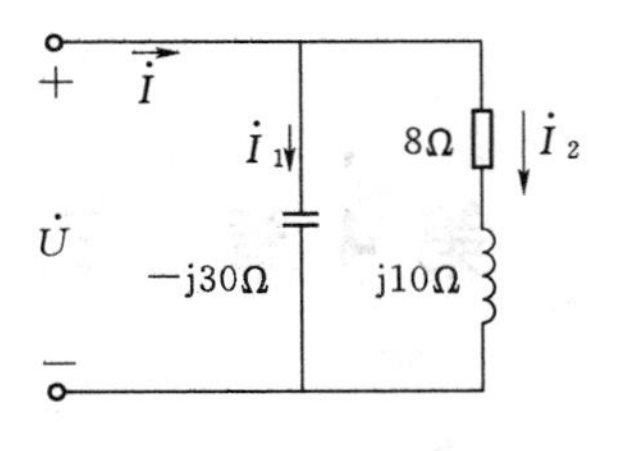

图 3.46　题 3.37 图

3.39　已知 RC 并联电路中，$R=12\Omega$，$X_C=15\Omega$，接入 $u=24\sqrt{2}\sin(314t+50°)$V 交流电源中，求电路的复导纳 Y、P、Q、S。

3.40　什么是谐振、串联谐振、并联谐振，产生的条件分别是什么？

3.41　如图 3.47 所示，Z_1 与 Z_2 串联后接入 $u=10\sqrt{2}\sin 314t$V 电源中，$Z_1=5\Omega$，$Z_2=10+\mathrm{j}10\Omega$，求 $\dot{U}_1$、$\dot{U}_2$ 及电流 I。

3.42　如图 3.48 所示，Z_1 与 Z_2 并联后接入 $u=12\sqrt{2}\sin(314t+55°)$V 电路中，$Z_1=6+\mathrm{j}8\Omega$、$Z_2=4\Omega$，求各支路电流 i_1 与 i_2 以及等效阻抗 Z。

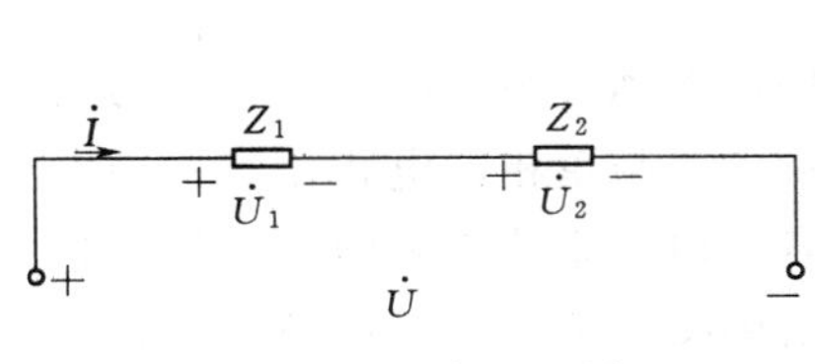

图 3.47　题 3.41 图

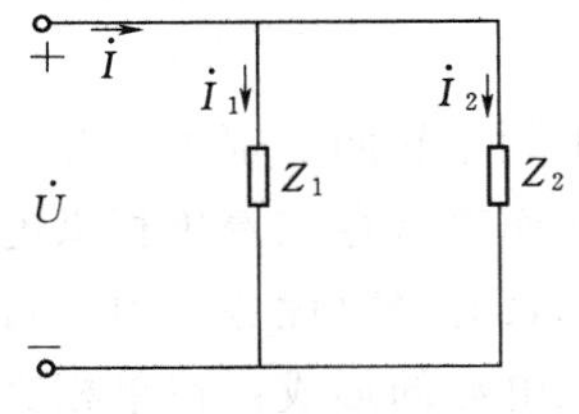

图 3.48　题 3.42 图

3.43　已知 RLC 串联电路中，$R=20\Omega$，$L=1$H，$C=20\mu$F 接入 $u=10\sqrt{2}\sin 314t$V 电路中，求①电路中的电流 i 和谐振频率；②当电路发生谐振时，电路中流过的电流 i' 与 u'_L。

第4章　三相交流电路

学习目标：

（1）理解三相交流电的产生，掌握三相电源的三角形连接与星形连接。

（2）理解对称三相电路的连接及特点，掌握三相电源与三相负载的两种不连接方法的特点。

（3）掌握三相电源与三相负载连接中的线电压、相电压、线电流以及相电流。

（4）掌握对称三相电路的分析方法以及三相对称电路中功率的分析方法。

（5）了解不对称三相电路的分析计算方法。

4.1　三相电源的产生

将由三个频率相同、幅值相等、相位不同的电动势组成的电源，称为三相电源。因此对于供电方式而言就存在着单相供电与三相供电。与单相供电相比，三相电源从产生、传输和使用上都具有绝对优势。因此目前全球各国电力系统均采用三相制供电。

三相交流电源的形成：在单相交流发电机中按照相差120°的角度再布置两组导线，旋转磁场按照相差120°的角度切割相差120°的三组导线，相当于三个单相发电机组合在一起。将三个绕组产生的感应电动势合在一起，便形成了三相交流电源，如图4.1所示。

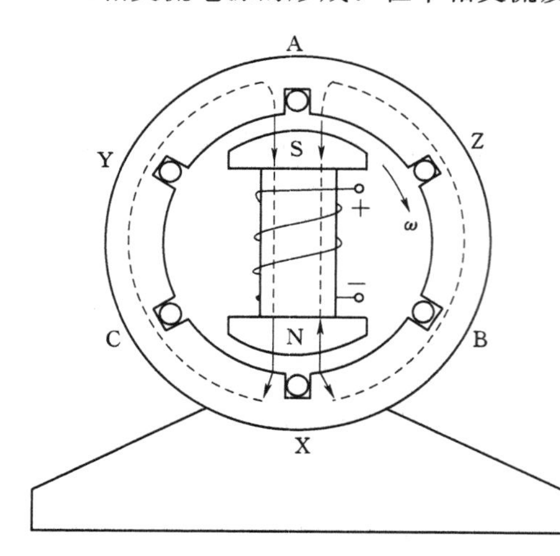

图4.1　三相同步发电机原理图

三相发电机内部由定子和转子组成，三个绕组AX、BY、CZ安装在定子上，三相绕组以A、B、C为首端、X、Y、Z为末端，彼此在空间上相差120°。当电机得到动力，原动机驱动转子以ω匀速旋转时，定子上三相绕组的导体会切割磁感线产生三个振幅、频率完全相同、相位上互差120°的电动势，如图4.2所示。

由图4.2可知，三相电源有着幅值相同、频率相同、相位不同的解析式。由于三相交流电与单相交流电本质相同，其各相电动势的表达式如下：

$$\begin{cases} u_A = \sqrt{2}U\sin\omega t \\ u_B = \sqrt{2}U\sin(\omega t - 120°) \\ u_C = \sqrt{2}U\sin(\omega t - 240°) = \sqrt{2}U\sin(\omega t + 120°) \end{cases}$$

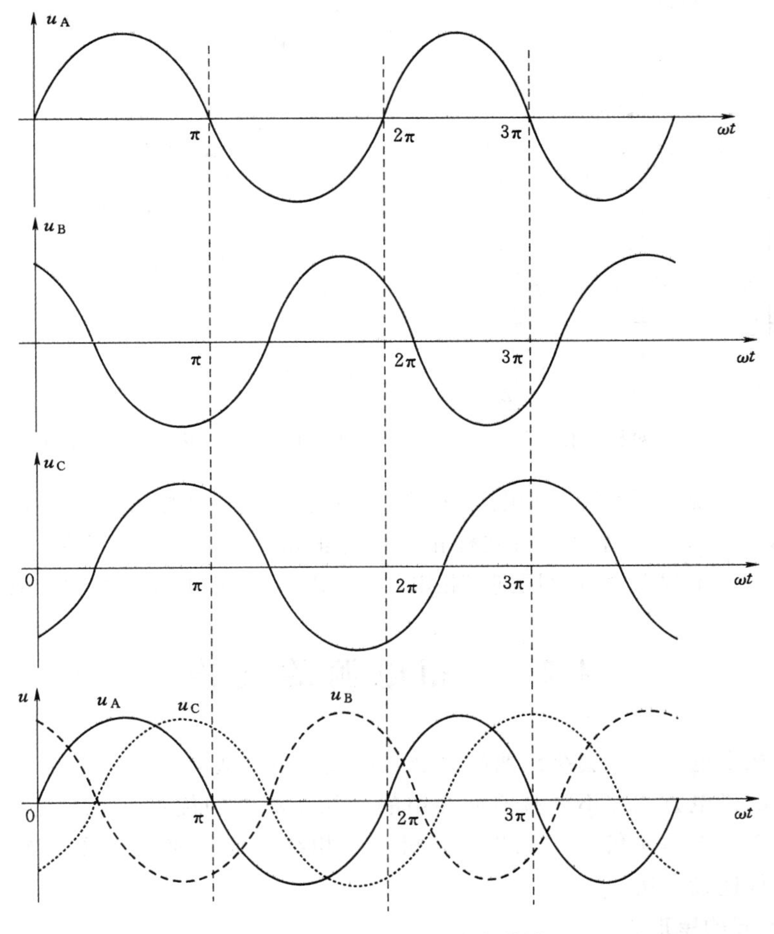

图 4.2 三相交流电的波形图

将三个幅值相等、频率相同、相位互差 120°的正弦电压称为对称三相电压。可用图 4.3 表示对称三相电源。

若用相量式表示为

$$\begin{cases}\dot{U}_A = U\angle 0^\circ \\ \dot{U}_B = U\angle -120^\circ \\ \dot{U}_C = U\angle 120^\circ\end{cases}$$

对称三相正弦电压的相量图如图 4.4 所示。

由图 4.4 相量图可知，凡是对称三相正弦电压的瞬时值之和恒为零以及电压相量之和也为零，即

$$u_A + u_B + u_C = 0$$

$$\dot{U}_A + \dot{U}_B + \dot{U}_C = 0$$

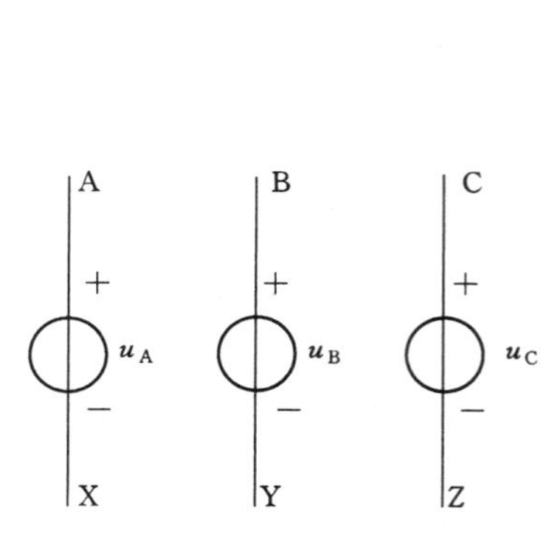

图 4.3　对称三相电源

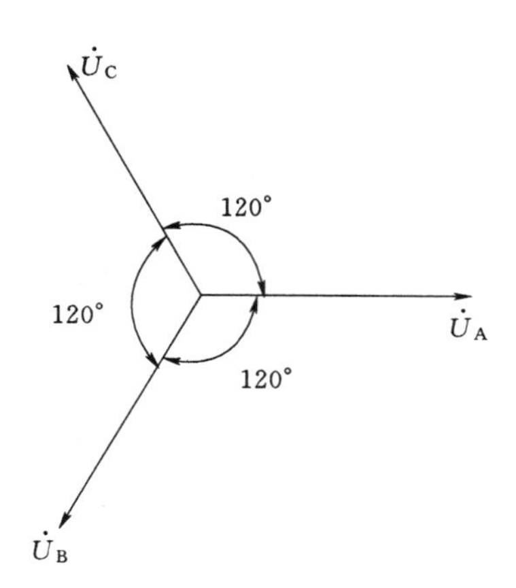

图 4.4　对称三相电源的相量图

对三相电源来说，将对称三相电压达到最大值或零的顺序称为相序，如上式中电压的次序依次是 A—B—C—A 循环，将此种相序称为正相序或顺序；次序为 A—C—B—A 的此种相序为负序。工程上用颜色区别三相电，A、B、C 三相电分别用黄、绿、红代表。

4.2　三相电源的连接

如果把三相发电机的三套绕组两端分别与负载连接，就形成了三个互相独立的三个单相电路。这样的供电方式并不具有前面介绍的三相交流电的优点，也不是三相交流电路。在实际应用的三相电力系统中，三相发电机的三相绕组要按照一定规律连接，通常有星形、三角形两种连接方法。

4.2.1　三相电源的星形连接

图 4.5 为发电机按照星形方式连接，将发电机 A、B、C 三相绕组的末端 X、Y、Z 连接在一起，用 N 点来表示，N 点称为电源的中性点，简称中点。

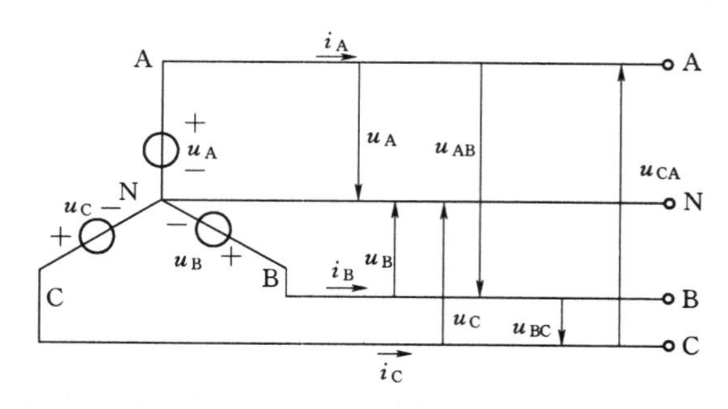

图 4.5　三相电源的星形连接

图 4.5 中，从三相绕组首端对外引出的导线称为相线，也称端线，俗称火线。从中性点 N 对外引出的导线则称为中性线，简称中线，中线与地线连接后，称为零线。此种向负载供电的方式称为三相四线制供电。

4.2.1.1　相电压

发电机绕组作星形连接的线路中，相线与中性线之间的电压显然等于各相绕组的首端与末端间的电压，这一电压称为相电压。

相电压用 u_A、u_B、u_C 表示，三相电路的相电压的参考方向规定为由每一绕组的首端指向尾端，如果不考虑绕组本身阻抗电压降时，有

$$\begin{cases}u_A=\sqrt{2}U\sin\omega t\\u_B=\sqrt{2}U\sin(\omega t-120°)\\u_C=\sqrt{2}U\sin(\omega t+120°)\end{cases}$$

4.2.1.2 线电压

任意两根相线（火线）之间的电压称为线电压。根据基尔基尔霍夫电压定律三个线电压可以用相电压表示为

$$\begin{cases}u_{AB}=u_A-u_B\\u_{BC}=u_B-u_C\\u_{CA}=u_C-u_A\end{cases}$$

用相量式表示：

$$\begin{cases}\dot{U}_{AB}=\dot{U}_A-\dot{U}_B\\\dot{U}_{BC}=\dot{U}_B-\dot{U}_C\\\dot{U}_{CA}=\dot{U}_C-\dot{U}_A\end{cases}$$

将 $\dot{U}_A=U\angle 0°$、$\dot{U}_B=U\angle -120°$、$\dot{U}_C=U\angle 120°$ 代入上式，有

$$\dot{U}_{AB}=\dot{U}_A-\dot{U}_B=\dot{U}_A=U\angle 0°-U\angle -120°$$
$$=U[\angle 0°-\angle -120°]=\sqrt{3}\dot{U}_A\angle 30°$$
$$\dot{U}_{BC}=\dot{U}_B-\dot{U}_C=U\angle -120°-U\angle 120°$$
$$=U[\angle -120°-\angle 120°]=\sqrt{3}\dot{U}_B\angle 30°$$
$$\dot{U}_{CA}=\dot{U}_C-\dot{U}_A=U\angle 130°-U\angle 0°$$
$$=U[\angle 120°-\angle 0°]=\sqrt{3}\dot{U}_C\angle 30°$$

因此，对于对称三相电源星形连接，电路中线电压的有效值是对应相电压的$\sqrt{3}$倍，线电压相位超前对应的相电压 30°。电路中常用 U_L 代表线电压，U_P 代表相电压，即 $U_L=\sqrt{3}U_P$。

相量图如图 4.6 所示。

此时也可描述为

$$\dot{U}_L=\sqrt{3}\dot{U}_P\angle 30°$$

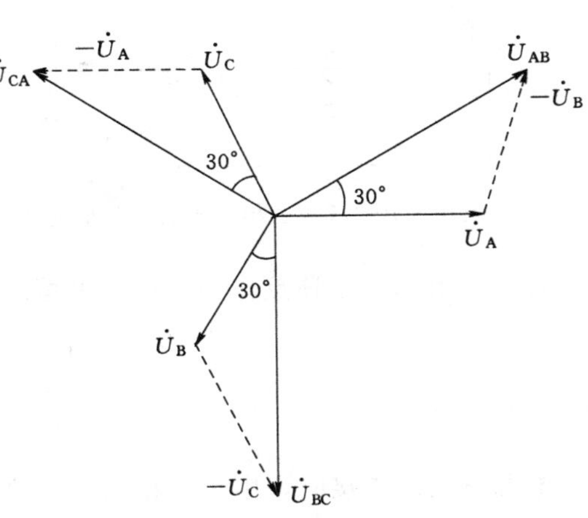

图 4.6 三相电源星形连接电压相量图

【例 4.1】 已知某三相对称电源星形连接，已知 A 相的相电压为 $\dot{U}_A=220\angle 10°$V，试分别求出另外两相相电压的相量式，以及对应线电压的相量式。

解： 由题知：

$$\dot{U}_B=220\angle -110°\text{V}$$

$$\dot{U}_C=220\angle 130°\text{V}$$

线电压为

$$\dot{U}_{AB}=\sqrt{3}\dot{U}_A\angle 30^\circ=220\sqrt{3}\angle 40^\circ(\text{V})$$

$$\dot{U}_{BC}=\sqrt{3}\dot{U}_B\angle 30^\circ=220\sqrt{3}\angle -80^\circ(\text{V})$$

$$\dot{U}_{CA}=\sqrt{3}\dot{U}_C\angle 30^\circ=220\sqrt{3}\angle 160^\circ(\text{V})$$

4.2.2　三相电源的三角形连接

与电阻三角形连接一样，将对称三相电源的绕组首尾依次相连，构成一三角形，三角形三个顶点依次引出三条端线为负载供电，此种连接方式称为三相电源的三角形连接，如图 4.7 所示。

由于没有中性线，故此种连接方式没有零线，电路中相电压等于线电压，故此种供电方式就称为三相三线制供电。

由图 4.7 可知，对于三相电源的三角形连接，有线电压等于相电压：

$$\begin{cases}u_{AB}=u_A\\u_{BC}=u_B\\u_{CA}=u_C\end{cases}$$

相量式为

$$\begin{cases}\dot{U}_{AB}=\dot{U}_A\\\dot{U}_{BC}=\dot{U}_B\\\dot{U}_{CA}=U_C\end{cases}$$

此时相量图如图 4.8 所示。

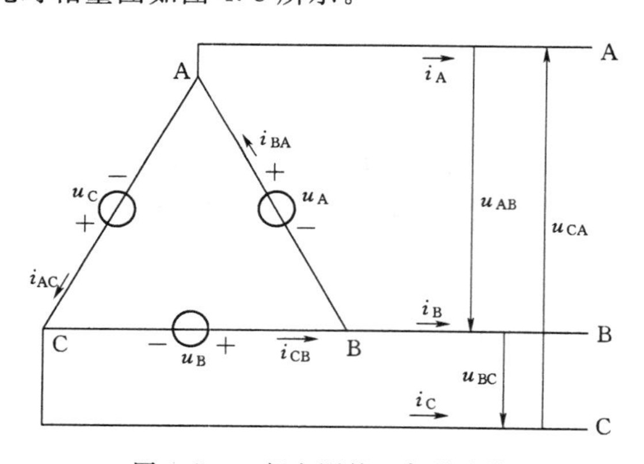

图 4.7　三相电源的三角形连接

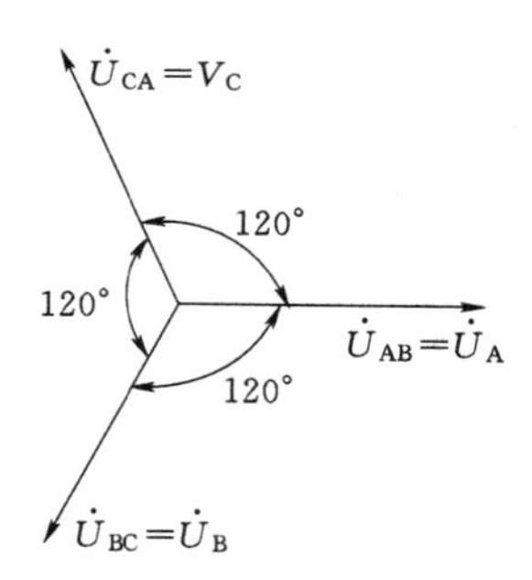

图 4.8　三相电源三角形连接电压相量图

将三角形的三个顶点作为节点，可写出 KCL 方程：

$$\begin{cases}i_A=i_{BA}-i_{AC}\\i_B=i_{CB}-i_{BA}\\i_C=i_{AC}-i_{CB}\end{cases}$$

电源三角形连接时，由于三相的电压之和为零，若三相绕组在连接时错将一相接反，此时会在三相电源的三角形连接回路中产生较大的环形电流，会损坏三相绕组。因此做三

相绕组连接时，为保证安全，应先测试此时回路中是否存在环形电流，实验无误后再使用。

4.3 三相负载的连接

4.3.1 三相对称负载

交流电路的用电设备多种多样，性质各不相同。就负载对电源的要求来分类，一类用电设备只需要使用单相交流电源，例如家用的白炽灯、日光灯，家用电器中的小功率电动机如洗衣机、电冰箱，都接在单相交流电路上，这类用电设备通称为单相用电负荷。另一类用电设备则必须接在三相电源才能工作，例如三相异步电动机就是一种典型的三相用电设备，此类用电设备称为三相用电负载。除此之外，还有两相用电负载，如 380V 电焊机等。三相电路负载如图 4.9 所示。

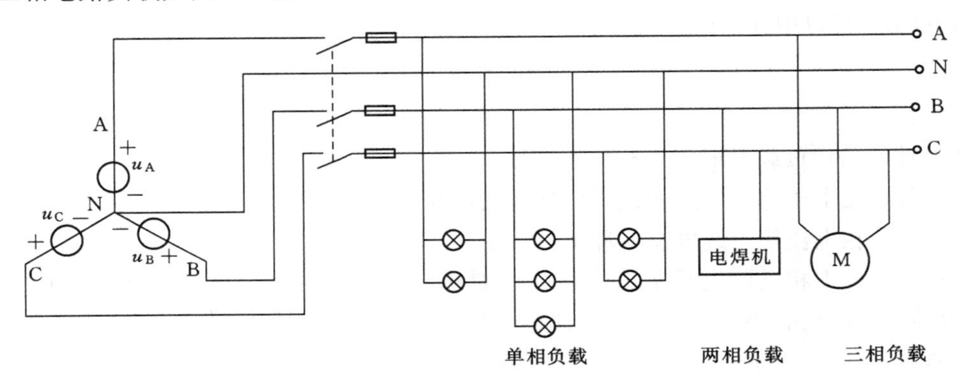

图 4.9 三相电路负载

如图 4.10 所示的三相四线制电路可以看到，单相负载接在相线与中性线之间，工作在相电压下；两相负载接在两根相线之间，工作在线电压下。例如，图中白炽灯就接在相电压上，交流电焊机则接在线电压上。

各种负载都可以用相应的阻抗来等效，例如，白炽灯可以等效为一个电阻，电动机则可以等效为电阻和电感串联的电路。在三相交流电路中，各相电路上可能接有不同大小，或不同性质的阻抗负载，称为三相不对称负载。如果三相负载的电阻相等，电抗也相等，而且电抗的性质也相同，即 $R_a=R_b=R_c$、$X_a=X_b=X_c$，对应的阻抗也必然相等，即 $Z_a=Z_b=Z_c$，这种负载称为三相对称负载。三相负载的连接也有两种方式：星形和三角形。

4.3.2 三相负载的星形连接

4.3.2.1 三相四线制电路

图 4.10 为对称负载星形连接（三相四线制）的电路，每相负载阻抗相同，为 Z，负载上的电压分别为 u_a、u_b、u_c，显然这就是相线与中性线

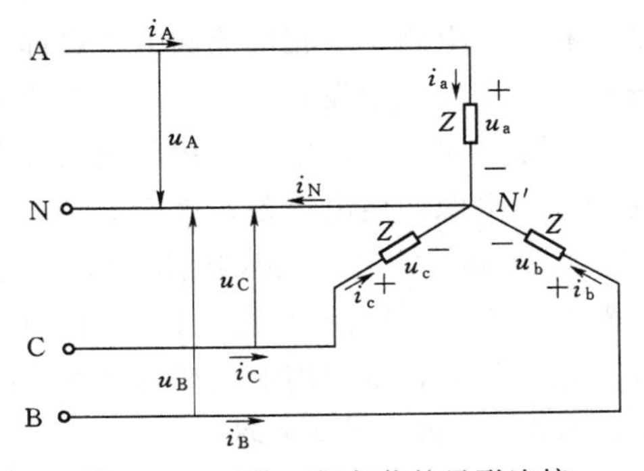

图 4.10 对称三相负载的星形连接

之间的相电压。

对负载电路来说，负载的相电压是每相负载元件上承受的电压，参考方向如图 4.10 所示。如果不考虑送电线路上的电压损失时，负载上的相电压与电源的相电压 u_a、u_b、u_c 是相等的，即

$$u_a=u_A,u_b=u_B,u_c=u_C$$

每相负载流过的电流称为负载的相电流，图中用 i_a、i_b、i_c 表示。负载相电流与相电压为关联参考方向，如图 4.10 所示。电源供电线路中（相线）流过的电流则称为线电流，图中用 i_A、i_B、i_C 表示。对称负载星形连接的三相四线制电路中相电流等于线电流：

$$i_a=i_A,i_b=i_B,i_c=i_C$$

用相量式表示为

$$\dot{I}_A=\frac{\dot{U}_A}{Z},\dot{I}_B=\frac{\dot{U}_B}{Z},\dot{I}_C=\frac{\dot{U}_C}{Z}$$

由 KCL，可得中性线电流为

$$i_N=i_A+i_B+i_C$$

即

$$\dot{I}_N=\dot{I}_A+\dot{I}_B+\dot{I}_C$$

对于对称三相负载星形连接有如下特征：

（1）负载相电压等于电路相线与中性线的电压（相电压）。

（2）负载相电流等于线电流，即 $I_L=I_P$。

（3）若对称三相电源也是星形连接，则对称三相四线制，中性电流为零，中点电压 $U_{N'}$ 也为零。此时只需要计算其中一相即可，$I_L=I_P=I_A=I_B=I_C$。

设 $\dot{U}_A=U\angle 0°$，则

$$\begin{aligned}\dot{I}_N&=\dot{I}_A+\dot{I}_B+\dot{I}_C\\&=\frac{\dot{U}_A}{Z}+\frac{\dot{U}_B}{Z}+\frac{\dot{U}_C}{Z}=\frac{\dot{U}\angle 0°}{Z}+\frac{\dot{U}\angle -120°}{Z}+\frac{\dot{U}\angle 120°}{Z}\\&=I_L\angle\varphi+I_L\angle\varphi-120°+I_L\angle\varphi+120°=0\end{aligned}$$

由于中性线电流为零，$\dot{I}_N=0$。电源与负载之间电压也为零。如果将中线去除，并不影响电路的正常工作。

如果电源和负载均为星形连接，又都是对称的电动势和三相相等的负载，则构成对称的三相交流电路，各相电流和电压也都是对称的正弦量，电源中点和负载中点之间的连接导线——中性线中没有电流，因而中线可以省去。

但是，实际应用中，三相负载在大多数情况下，是不完全相等；另外，又有许多必须使用单相电源的用电设备，这样就必须采用有中线的三相四线制电路来供电。例如一般工厂中常用 380/220V 三相四线制电路供电，也就是线电压 380V、相电压 220V。工厂用电线路采用三相四线制电路的目的，是使负载接用比较灵活、方便。对称的负载可以直接接在三根相线上，单相用电负载则接在相线与中线间。

4.3.2.2 三相三线制电路

当对称负载接线去掉中性线后，便成了三相三线制电路，如图 4.11 所示。

对称三相三线制星形连接的电路中：$U_L=\sqrt{3}U_P$，$I_L=I_P$。

线电压与相电压相量关系为

$$\begin{cases}\dot{U}_{AB}=\sqrt{3}\dot{U}_A\angle 30^\circ\\ \dot{U}_{BC}=\sqrt{3}\dot{U}_B\angle 30^\circ\\ \dot{U}_{CA}=\sqrt{3}\dot{U}_C\angle 30^\circ\end{cases}$$

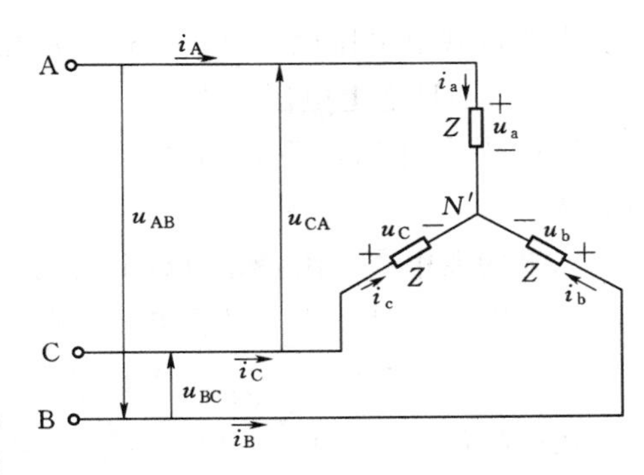

图 4.11 对称负载的三相三线制连接

【例 4.2】 有一星形连接的三相对称负载，已知其各相电阻 $R=6\Omega$，电感 $L=25.5\text{mH}$。现将负载接入线电压 $U=380\text{V}$、频率 $f=50\text{Hz}$ 的对称三相星形连接线路中，求通过每相负载的电流及每相负载电流的相量式。

解：由题知，对称三相负载连接，只需求出一相负载电流即可。

$$U_L=\sqrt{3}U_P\Rightarrow U_P=\frac{U_L}{\sqrt{3}}=\frac{380}{\sqrt{3}}=220(\text{V})$$

$$X_L=2\pi fL=2\times 3.14\times 50\times 25.5\times 10^{-3}\approx 8(\Omega)$$

对称负载 Z 为
$$Z=6+\text{j}8=10\angle 53.1^\circ(\Omega)$$

复阻抗的模值为
$$|Z|=\sqrt{6^2+8^2}=10(\Omega)$$

则每相负载电流为

$$I_A=I_B=I_C=I_L=\frac{U_L}{|Z|}=\frac{220}{10}=22(\text{A})$$

设 $\dot{U}_A=220\angle 0^\circ\text{V}$，则每相负载电流的相量式为

$$\dot{I}_A=\frac{\dot{U}_A}{Z}=\frac{220\angle 0^\circ}{10\angle 53.1^\circ}=22\angle -53.1^\circ(\text{A})$$

$$\dot{I}_B=\frac{\dot{U}_B}{Z}=\frac{220\angle -120^\circ}{10\angle 53.1^\circ}=22\angle -173.1^\circ(\text{A})$$

$$\dot{I}_C=\frac{\dot{U}_C}{Z}=\frac{220\angle 120^\circ}{10\angle 53.1^\circ}=22\angle 66.9^\circ(\text{A})$$

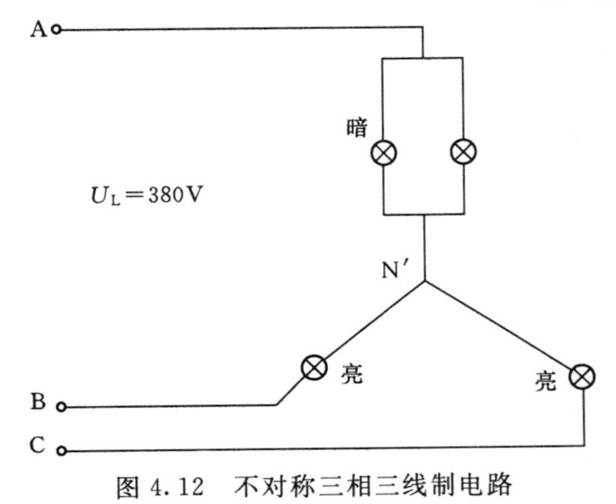

图 4.12 不对称三相三线制电路

4.3.2.3 中性线的作用

在不对称三相星形负载的电路中，中线是必不可少的。它的主要作用有以下两点：

(1) 保证各单项负载的电压恒定，使负载能正常工作。图 4.12 为一个没有中线的三相电路，各相负载不对称。图 4.12 中共有 4 只同样功率的灯泡，A 相接 2 只，B、C 相各接 1 只，相当于 A 相负载阻抗小，其他两相阻抗大。理论分析和实验都表明，在一般情况下，阻抗小的一相负载上的电压比较低，

阻抗大的负载上电压比较高。这样，A相的灯泡上电压将小于$U_{线}/\sqrt{3}=220V$，发光很暗，而B、C相的灯泡上电压将大于220V，很快会烧坏，不能正常工作。在图4.12所示电路中，通过计算可知，不计灯丝电阻的变化，A相灯泡约为165V电压，其他两相约为252V。

如果接上中线，则各相负载上的电压恒为相电压，与负载大小无关，使用十分方便。

（2）中线流过三相不平衡电流。在三相四线制电路中，中线电流为三个相电流的和：

$$i_N=i_A+i_B+i_C \quad 或 \quad \dot{I}_N=\dot{I}_A+\dot{I}_B+\dot{I}_C$$

在三相负载对称时，中性线电流为零。如果三相负载不对称，则可由上式表示的电流关系，求取中线电流。变压器中性线电流一般限定不大于各线电流的25%，如果各相负载严重不平衡，则中线电流可能会很大。

中线在三相四线制电路中起到重要作用，当负载不平衡时，尤为必须。为了防止由于中线断开而导致各相电压偏离额定值，在三相四线电路中，规定中线上不准安装熔断器和开关，并对中线的最小允许截面有明确的规定。

4.3.3　三相负载的三角形连接

图4.13为负载三角形连接，各相负载接在两相之间，分别用Z_{AB}、Z_{BC}、Z_{CA}表示。各相负载所承受的电压称为相电压，此时等于线电压，即u_{AB}、u_{BC}、u_{CA}。当三相负载完全一样时，即$Z_{AB}=Z_{BC}=Z_{CA}=Z$，这样的负载称为三相对称负载。

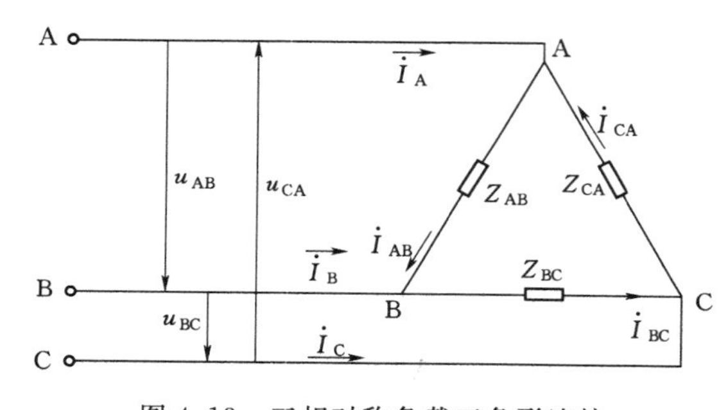

图4.13　三相对称负载三角形连接

由图4.13可知对称负载三角形连接时，每相负载的两端都接到电源相线之间，此时负载的相电压就是线电压，即$U_L=U_P$。

而每相负载相电流为

$$\begin{cases}\dot{I}_{AB}=\dfrac{\dot{U}_{AB}}{Z}\\ \dot{I}_{BC}=\dfrac{\dot{U}_{BC}}{Z}\\ \dot{I}_{CA}=\dfrac{\dot{U}_{CA}}{Z}\end{cases}$$

根据KCL定律，可得

$$\begin{cases}\dot{I}_A=\dot{I}_{AB}-\dot{I}_{CA}\\ \dot{I}_B=\dot{I}_{BC}-\dot{I}_{AB}\\ \dot{I}_C=\dot{I}_{CA}-\dot{I}_{BC}\end{cases}$$

对称三相电路中，每相电流的有效值相同，即

$$I_P=\frac{U_P}{|Z|}=\frac{U_{AB}}{|Z|}=\frac{U_{BC}}{|Z|}=\frac{U_{CA}}{|Z|}$$

每相负载相电流对称，则

$$\begin{cases}\dot{I}_{AB}=I_P\angle 0^\circ\\ \dot{I}_{BC}=I_P\angle -120^\circ\\ \dot{I}_{CA}=I_P\angle 120^\circ\end{cases}$$

此时，代入线电流方程，得到

$$\begin{cases}\dot{I}_A=I_P\angle 0^\circ-I_P\angle 120^\circ=\sqrt{3}\dot{I}_{AB}\angle -30^\circ\\ \dot{I}_B=I_P\angle -120^\circ-I_P\angle 0^\circ=\sqrt{3}\dot{I}_{BC}\angle -30^\circ\\ \dot{I}_C=I_P\angle 120^\circ-I_P\angle -120^\circ=\sqrt{3}\dot{I}_{CA}\angle -30^\circ\end{cases}$$

三相负载三角形连接时，线电流的有效值是对应相电流的$\sqrt{3}$倍，$I_L=\sqrt{3}I_P$，相位上线电流滞后对应相电流 30°。每一相电流计算时，也可通过计算其中一相电流，通过对称关系即可得出其他相电流。

【例 4.3】 已知对称负载三角形连接，各相电阻 $R=6\Omega$，电感 $L=25.5\text{mH}$。现将它接入线电压 $U=380\text{V}$、频率 $f=50\text{Hz}$ 的三相线路中，求通过每相负载的相电流和线电流。

解： 由题知，$U_{AB}=U_L=380\text{V}$，感抗为

$$X_L=2\pi fL=2\times3.14\times50\times25.5\times10^{-3}\approx8(\Omega)$$

复阻抗

$$Z=6+\text{j}8=10\angle 53.1^\circ(\Omega)$$

则

$$I_P=I_{AB}=\frac{U_L}{|Z|}=\frac{380}{10}=38(\text{A})$$

故通过每相负载的电流都为 38A。

线电流为

$$I_L=\sqrt{3}I_P=\sqrt{3}\times38=66(\text{A})$$

4.4 对称三相电路的分析

三相电路主要由三相电源和三相负载的连接组成，有两种电路连接的不同，主要分为以下四种连接形式：Y-Y 连接、Y-△连接、△-Y 连接和△-△连接。

4.4.1 对称三相电路的 Y-Y 连接

图 4.14 为对称三相电路的 Y-Y 连接电路图。电路中相线上的复阻抗为 Z_L，中性线上复阻抗为 Z_N，三相电路中的电源电压分别为 $\dot{U}_A=U\angle 0^\circ$、$\dot{U}_B=U\angle -120^\circ$、$\dot{U}_C=U\angle 120^\circ$，此时电路中相电流和线电流相同。

A 相电流为

$$\dot{I}_A=\frac{\dot{U}_A}{Z_L+Z}$$

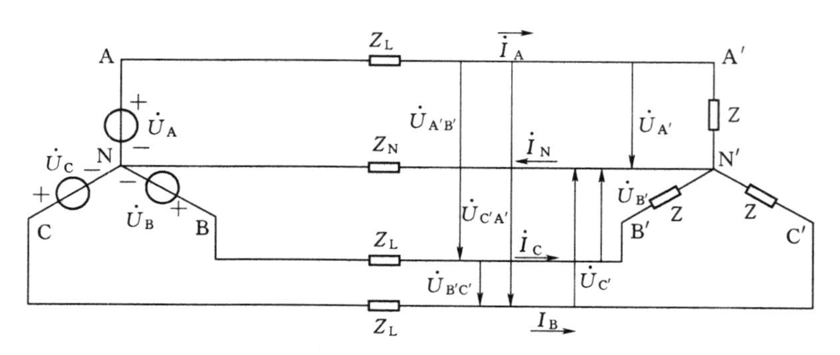

图 4.14 三相电路的 Y－Y 连接

由对称关系可得到

$$\dot{I}_B=\dot{I}_A\angle-120^\circ$$

$$\dot{I}_C=\dot{I}_A\angle120^\circ$$

同理中性线上电流为零，即

$$\dot{I}_N=\dot{I}_A+\dot{I}_B+\dot{I}_C=0$$

负载相电压为

$$\begin{cases}\dot{U}_{A'}=\dot{I}_AZ\\ \dot{U}_{B'}=\dot{I}_BZ=\dot{U}_{A'}\angle-120^\circ\\ \dot{U}_{C'}=\dot{I}_CZ=\dot{U}_{A'}\angle120^\circ\end{cases}$$

根据星形连接可知，负载线电压与相电压的关系为

$$\begin{cases}\dot{U}_{A'B'}=\sqrt{3}\dot{U}_{A'}\angle30^\circ\\ \dot{U}_{B'C'}=\dot{U}_{A'B'}\angle-120^\circ=\sqrt{3}\dot{U}_{B'}\angle30^\circ\\ \dot{U}_{C'A'}=\dot{U}_{A'B'}\angle120^\circ=\sqrt{3}\dot{U}_{C'}\angle30^\circ\end{cases}$$

因此对于 Y－Y 连接的对称电路，其特征如下：

(1) 各相电路中，电流电压都是对称的且各自独立，每一相的电流电压只与本相电源相关，互相并不影响。

(2) 电路中，由于中性线电流为零，因此，无论中性线阻抗大或小，都不会影响三相电路的工作，即中性线不起作用。

(3) 每一相电流、电压都是与电源同相序的对称三相正弦量。

因此，三相电路分析时，只需分析其中某一相电路，利用以上特征关系求出其他两相。

【例 4.4】 如图 4.15 所示电路中，每相负载的复阻抗为 $Z=(6+\mathrm{j}8)\Omega$，相线上复阻抗为 $Z_L=(4+\mathrm{j}3)\Omega$，中性线上复阻抗为 $Z_N=(12+\mathrm{j}9)\Omega$，电源相电压电压为 220V，求负载的相电压、线电压及线电流。

解：由题知，电源电压：$\dot{U}_A=\dot{U}=220\angle0^\circ\mathrm{V}$，则

$$Z=6+\mathrm{j}8=10\angle53.1^\circ(\Omega)$$

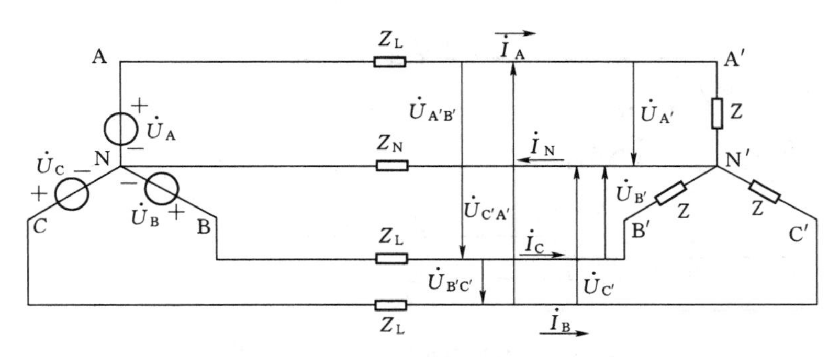

图 4.15 [例 4.4] 题图

$$Z_L=4+j3=5\angle 36.9^\circ(\Omega)$$

$$Z_N=12+j9=15\angle 36.9^\circ(\Omega)$$

由图可知，总的复阻抗为

$$Z+Z_L=10+j11=14.9\angle 47.7^\circ(\Omega)$$

则相电流为

$$\dot{I}_A=\frac{\dot{U}_A}{Z_L+Z}=\frac{220\angle 0^\circ}{14.9\angle 47.7^\circ}=14.8\angle -47.7^\circ(\text{A})$$

此时负载上相电压为

$$\dot{U}_{A'}=Z\dot{I}_A=10\angle 53.1^\circ\times 14.8\angle -47.7^\circ=148\angle 5.4^\circ(\text{V})$$

则依据相电压与线电压的关系，可求出 A 相电压对应的线电压为

$$\dot{U}_{A'B'}=\sqrt{3}\dot{U}_{A'}\angle 30^\circ=148\sqrt{3}\angle -17.7^\circ=256.3\angle -17.7^\circ(\text{V})$$

则此时依据对称关系可求出其他相的线电流为

$$\dot{I}_B=\dot{I}_A\angle -120^\circ=14.8\angle -47.7^\circ-120^\circ=14.8\angle -167.7^\circ(\text{A})$$

$$\dot{I}_C=\dot{I}_A\angle 120^\circ=14.8\angle -47.7^\circ+120^\circ=14.8\angle 72.3^\circ(\text{A})$$

负载的相电压为

$$\dot{U}_{B'}=\dot{U}_{A'}\angle -120^\circ=148\angle 5.4^\circ-120^\circ=148\angle 114.6^\circ(\text{V})$$

$$\dot{U}_{C'}=\dot{U}_{A'}\angle 120^\circ=148\angle 5.4^\circ+120^\circ=148\angle 125.4^\circ(\text{V})$$

负载的线电压为

$$\dot{U}_{B'C'}=\dot{U}_{A'B'}\angle -120^\circ=256.3\angle -17.7^\circ-120^\circ=256.3\angle -137.7^\circ(\text{V})$$

$$\dot{U}_{B'C'}=\dot{U}_{A'B'}\angle 120^\circ=256.3\angle -17.7^\circ+120^\circ=256.3\angle 102.3^\circ(\text{V})$$

4.4.2 对称三相电路的△-Y 连接

如图 4.16 所示为对称三相电路的△-Y 连接，此时电路中对称电源是三角形连接，此时电源的线电压与相电压相同，处理方法是将电源三角形连接等效为星形连接，再按照星形连接方法分析。

根据三角形连接与星形连接关系，可先将电源三角形连接等效为星形连接，如图 4.17 所示。由线电压与相电压的关系可知，对称三相电源等效 Y 形连接后，相电压为

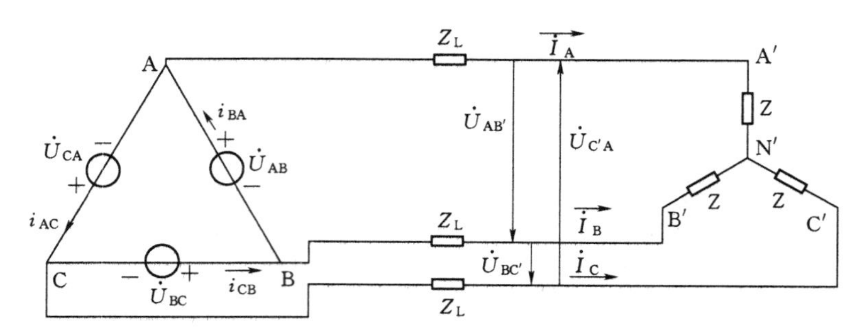

图 4.16　对称三相电路的△-Y连接

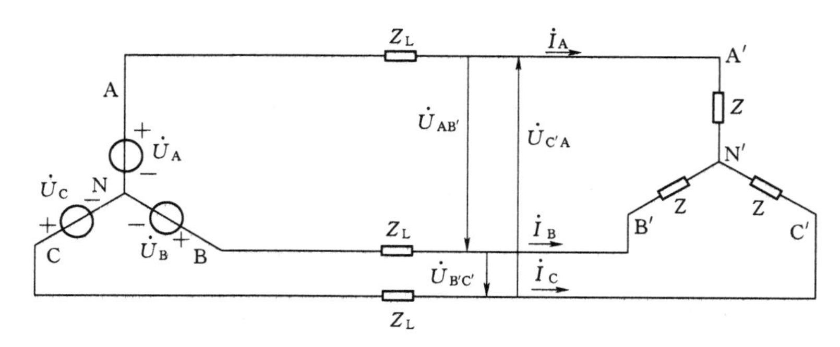

图 4.17　对称三相电路△-Y连接的等效Y-Y连接

$$\begin{cases}\dot{U}_A=\dfrac{1}{\sqrt{3}}\dot{U}_{AB}\angle -30^\circ\\ \dot{U}_B=\dfrac{1}{\sqrt{3}}\dot{U}_{BC}\angle -30^\circ\\ \dot{U}_C=\dfrac{1}{\sqrt{3}}\dot{U}_{CA}\angle -30^\circ\end{cases}$$

如图4.17可知，此时只需要利用对称三相电路Y-Y连接分析方法，就可知电路中的相电压、线电压及相电流。

【例4.5】 如图4.15所示电路中，已知相线上复阻抗为$Z_L=4+j3(\Omega)$，负载复阻抗为$Z=12+j16(\Omega)$，电源的线电压有效值为380V，求负载的线电压、线电流以及相电压。

解：由题知，可将三相电源的三角形连接等效为如图4.9所示的Y形连接，此时可知Y形电源的相电压为

$$U=U_P=\frac{U_L}{\sqrt{3}}=220(\text{V})$$

相线上的复阻抗为　　$Z_L=4+j3=5\angle 36.9^\circ(\Omega)$

负载复阻抗为　　$Z=12+j16=20\angle 53.1^\circ(\Omega)$

电路总阻抗为　　$Z+Z_L=16+j19=24.8\angle 49.9^\circ(\Omega)$

设$\dot{U}_A=220\angle 0^\circ$V，此时可得A相负载的线电流为

$$\dot{I}_A=\frac{\dot{U}_A}{Z+Z_L}=\frac{220\angle 0^\circ}{24.8\angle 49.9^\circ}=8.9\angle -49.9^\circ(\text{A})$$

利用三相电路的对称关系，可得

$$\dot{I}_B=\dot{I}_A\angle-120^\circ=8.9\angle-49.9^\circ-120^\circ=8.9\angle-169.9^\circ(\text{A})$$

$$\dot{I}_C=\dot{I}_A\angle120^\circ=8.9\angle-49.9^\circ+120^\circ=8.9\angle70.1^\circ(\text{A})$$

A 相负载的相电压为

$$\dot{U}_{A'}=\dot{I}_AZ=8.9\angle-49.9^\circ\times20\angle53.1^\circ=178\angle3.2^\circ(\text{V})$$

同理，可得

$$\dot{U}_{B'}=\dot{I}_BZ=8.9\angle-169.9^\circ\times20\angle53.1^\circ=178\angle-116.8^\circ(\text{V})$$

$$\dot{U}_{C'}=\dot{I}_CZ=8.9\angle70.1^\circ\times20\angle53.1^\circ=178\angle123.2^\circ(\text{V})$$

A 相负载的线电压为

$$\dot{U}_{A'B'}=\sqrt{3}\dot{U}_{A'}\angle30^\circ=\sqrt{3}\times178\angle3.2^\circ+30^\circ=308.3\angle33.2^\circ(\text{V})$$

同理，可得其他两相的线电压为

$$\dot{U}_{B'C'}=\dot{U}_{A'B'}\angle-120^\circ=308.3\angle33.2^\circ-120^\circ=308.3\angle-86.8^\circ(\text{V})$$

$$\dot{U}_{B'C'}=\dot{U}_{A'B'}\angle120^\circ=308.3\angle33.2^\circ+120^\circ=308.3\angle153.2^\circ(\text{V})$$

4.4.3 对称三相电路的 Y -△连接与△-△连接

如图 4.18 所示为对称三相电路的 Y -△连接，分析时可将负载的三角形连接转换为 Y 连接，利用电阻电路三角形连接转化为星形连接方法即可，分析方法可直接使用 Y - Y 分析方法。

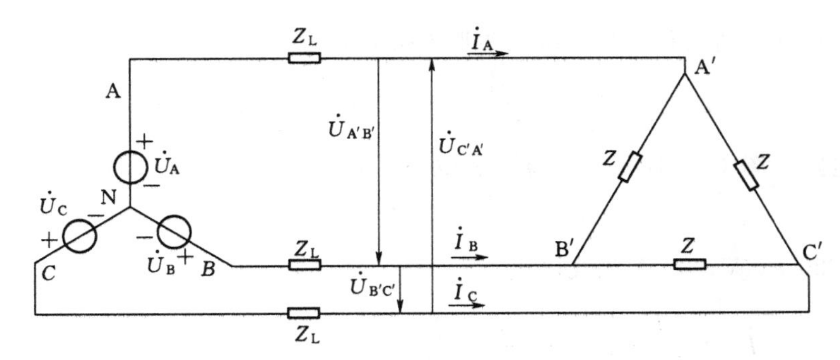

图 4.18 对称三相电路的 Y -△连接

电路中对称负载三角形连接，等效为星形连接后负载为

$$Z_Y=\frac{1}{3}Z$$

其等效电路如图 4.19 所示。

若此时对称电路为△-△连接，这时需要做两部处理，先将对称三相电源三角形连接等效为星形连接，再将对称三相负载三角形连接等效为星形连接。图 4.20 为对称三相电路的△-△连接。其等效电路如图 4.19 所示。

【例 4.6】 如图 4.18 所示，已知对称三相电源星形连接，三相电阻三角形连接，且 $Z_L=4+\text{j}3(\Omega)$，$Z=15+\text{j}15(\Omega)$，电源相电压为 220V，求负载相电流、线电流以及线电压。

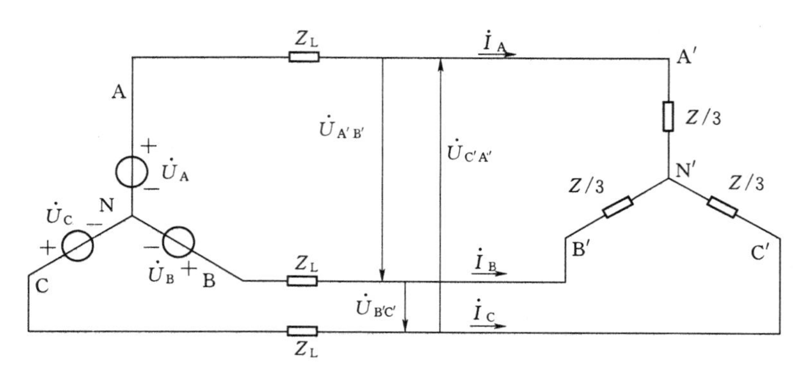

图 4.19 对称三相电路的等效 Y-Y 连接

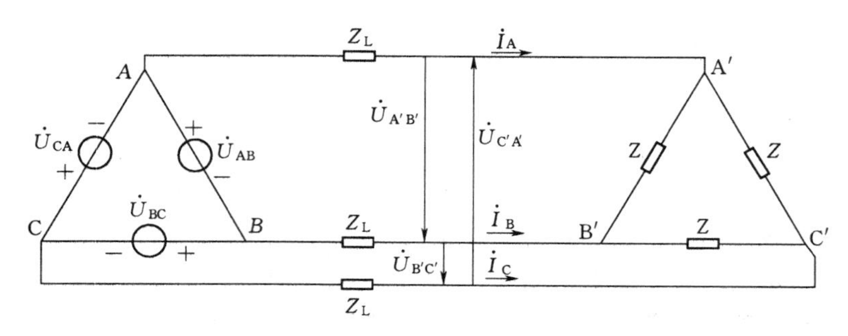

图 4.20 对称三相电路的△-△连接

解：由题可知，将对称三相负载三角形连接等效为星形连接，等效后电阻为

$$Z_Y=\frac{1}{3}Z=\frac{15+j15}{3}=5+j5(\Omega)=7.07\angle 45^\circ\Omega$$

其等效电路如图 4.12 所示，计算三相电路等效后的其中 A 相，可知电路总复阻抗为

$$Z_Y+Z_L=9+j8(\Omega)=12.04\angle 41.6^\circ\Omega$$

设 $\dot{U}_A=220\angle 0^\circ$V，则 A 相线电流为

$$\dot{I}_A=\frac{\dot{U}_A}{Z_Y+Z_L}=\frac{220\angle 0^\circ}{12.04\angle 41.6^\circ}=18.27\angle -41.6^\circ(\text{A})$$

此时可得到 A 相负载的相电压：

$$U_{A'}=\dot{I}_A Z_Y=18.27\angle -41.6^\circ\times 7.07\angle 45^\circ=129.2\angle 3.4^\circ(\text{V})$$

A 相负载线电压为

$$U_{A'B'}=\sqrt{3}U_{A'}\angle 30^\circ=\sqrt{3}\times 129.2\angle 3.4^\circ+30^\circ=223.78\angle 33.4^\circ(\text{V})$$

由此，依据对称三相电路的特点，可得其他两相的线电流为

$$\dot{I}_B=\dot{I}_A\angle -120^\circ=18.27\angle -41.6^\circ-120^\circ=18.27\angle -161.6^\circ(\text{A})$$

$$\dot{I}_C=\dot{I}_A\angle 120^\circ=18.27\angle -41.6^\circ+120^\circ=18.27\angle 78.4^\circ(\text{A})$$

负载相电压为

$$U_{B'}=\dot{I}_B Z_Y=18.27\angle -161.6^\circ\times 7.07\angle 45^\circ=129.2\angle -116.6^\circ(\text{V})$$

$$U_{C'}=\dot{I}_C Z_Y=18.27\angle 78.4^\circ\times 7.07\angle 45^\circ=129.2\angle 123.4^\circ(\text{V})$$

其他相负载线电压为

$$U_{B'C'}=\sqrt{3}U_{B'}\angle 30^\circ=\sqrt{3}\times 129.2\angle -116.6^\circ+30^\circ=223.78\angle -86.6^\circ(\text{V})$$

$$U_{C'A'}=\sqrt{3}U_{C'}\angle 30^\circ=\sqrt{3}\times 129.2\angle 123.4^\circ+30^\circ=223.78\angle 153.4^\circ(\text{V})$$

负载的相电流为

$$I_{A'B'}=\frac{1}{\sqrt{3}}\dot{I}_A\angle 30^\circ=\frac{18.27\angle -41.6^\circ}{\sqrt{3}}\angle 30^\circ=10.55\angle -11.6^\circ(\text{A})$$

$$I_{B'C'}=I_{A'B'}\angle -120^\circ=10.55\angle -11.6^\circ-120^\circ=10.55\angle -131.6^\circ(\text{A})$$

$$I_{C'A'}=I_{A'B'}\angle 120^\circ=10.55\angle -11.6^\circ+120^\circ=10.55\angle 108.4^\circ(\text{A})$$

【例 4.7】 如图 4.20 所示电路中，对称三相电源与三相负载都是三角形连接，已知相线复阻抗为 $Z_L=1+j1(\Omega)$，负载复阻抗为 $Z=3+j3(\Omega)$，电源线电压为 380V，求负载的线电流、线电压以及负载相电流。

解： 由题知，将电路等效为 Y - Y 连接后，如图 4.12 所示，等效后电路可知：

$$U_P=\frac{U_L}{\sqrt{3}}=220(\text{V})$$

等效后负载复阻抗为

$$Z_Y=\frac{1}{3}Z=1+j1(\Omega)=1.41\angle 45^\circ\Omega$$

选取 A 相进行分析，电路总复阻抗为

$$Z_L+Z_Y=2+j2(\Omega)=2.83\angle 45^\circ\Omega$$

设 $\dot{U}_A=220\angle 0^\circ$，则线电流为

$$\dot{I}_A=\frac{\dot{U}_A}{Z_Y+Z_L}=\frac{220\angle 0^\circ}{2.83\angle 45^\circ}=77.74\angle -45^\circ(\text{A})$$

由对称关系，可得

$$\dot{I}_B=\dot{I}_A\angle -120^\circ=77.74\angle -45^\circ-120^\circ=77.74\angle -165^\circ(\text{A})$$

$$\dot{I}_C=\dot{I}_A\angle 120^\circ=77.74\angle -45^\circ+120^\circ=77.74\angle 75^\circ(\text{A})$$

负载相电流为

$$I_{A'B'}=\frac{1}{\sqrt{3}}\dot{I}_A\angle 30^\circ=\frac{77.74\angle -45^\circ}{\sqrt{3}}\angle 30^\circ=44.88\angle -15^\circ(\text{A})$$

由对称关系，可得

$$I_{B'C'}=I_{A'B'}\angle -120^\circ=44.88\angle -15^\circ-120^\circ=44.88\angle -135^\circ(\text{A})$$

$$I_{C'A'}=I_{A'B'}\angle 120^\circ=44.88\angle -15^\circ+120^\circ=44.88\angle 105^\circ(\text{A})$$

负载相电压为

$$U_{A'}=\dot{I}_A Z_Y=77.74\angle -45^\circ\times 1.41\angle 45^\circ=109.6\angle 0^\circ(\text{V})$$

由对称关系，可得

$$U_{B'}=U_{A'}\angle -120^\circ=109.6\angle 0^\circ-120^\circ=109.6\angle -120^\circ(\text{V})$$

$$\dot{U}_{C'}=\dot{U}_{A'}\angle 120^\circ=109.6\angle 0^\circ+120^\circ=109.6\angle 120^\circ(V)$$

负载线电压为

$$\dot{U}_{A'B'}=\sqrt{3}\dot{U}_{A'}\angle 30^\circ=\sqrt{3}\times 109.6\angle 0^\circ+30^\circ=189.8\angle 30^\circ(V)$$

$$\dot{U}_{B'C'}=\sqrt{3}\dot{U}_{B'}\angle 30^\circ=\sqrt{3}\times 109.6\angle -120^\circ+30^\circ=223.78\angle -90^\circ(V)$$

$$\dot{U}_{C'A'}=\sqrt{3}\dot{U}_{C'}\angle 30^\circ=\sqrt{3}\times 109.6\angle 120^\circ+30^\circ=223.78\angle 150^\circ(V)$$

三相负载采用何种连接方式，必须根据每相负载的额定电压与电源线电压的关系来决定，而与电源本身的连接方式无关。也就是说，无需知道发电机、变压器内部绕组的接线方式。当各相负载的额定电压等于电源线电压时，负载就应该采用三角形连接；当负载额定电压等于电源线电压的$\frac{1}{\sqrt{3}}$时，负载就应该采用星形连接。例如，当电源电压为380V时，若把应为三角形连接的电动机结成星形运行，就会因每相绕组承受的电压仅为额定值的$\frac{1}{\sqrt{3}}$，即220V，使电动机转矩大大下降，若电动机所拖动的负载转矩比较大，运行时间较长，则可能会烧毁电动机。反之，如把应为星形连接的白炽灯等负载误接为三角形，原仅能承受220V电压，现在上升到$\sqrt{3}$倍额定电压即380V，使电流大大上升，会导致灯泡、日光灯烧坏。

通过对三相负载星形连接、三角形连接两种接法的分析，我们知道，对于对称的三相负载，无论采用何种接法，都可以按单相电路计算，仅计算一相负载，然后按对称的规律，直接写出其他两相的电压和电流。

对于不对称三相电路的分析，此时只能每一相单独分析，可使用电路分析方法、基尔霍夫定律、欧姆定律等方法。同样的，涉及三角形连接的电路，先将三角形连接等效为星形连接，再进一步分析即可。

4.5 三相电路的功率

三相电路中，按照单相正弦交流电路的功率来对比分析可知，三相电路的总有功功率与总无功功率应为各相有功功率和无功功率之和，即

$$P=P_A+P_B+P_C=U_AI_A\cos\varphi_A+U_BI_B\cos\varphi_B+U_CI_C\cos\varphi_C$$

$$Q=Q_A+Q_B+Q_C=U_AI_A\sin\varphi_A+U_BI_B\sin\varphi_B+U_CI_C\sin\varphi_C$$

但是一般情况下，三相交流电路中的总视在功率并不等于各相视在功率之和，即

$$S\neq S_A+S_B+S_C$$

计算视在功率，应使用 $S=\sqrt{P^2+Q^2}$

4.5.1 对称三相电路的总有功功率

由对称三相电路的特性可知，三相电压与三相电流都对称，即

$$U_A=U_B=U_C=U_P$$

$$I_A=I_B=I_C=I_P$$

负载的阻抗角是相同的，可得

$$\varphi_A=\varphi_B=\varphi_C$$

三相对称电路的总有功功率为

$$P=U_AI_A\cos\varphi_A+U_BI_B\cos\varphi_B+U_CI_C\cos\varphi_C=3U_PI_P\cos\varphi$$

若此时三相负载或电源星形连接时，有

$$U_L=\sqrt{3}U_P,I_P=I_L$$

三相负载或电源三角形连接时，有

$$U_L=U_P,I_L=\sqrt{3}I_P$$

故可将电路总有功功率表示为

$$P=3U_PI_P\cos\varphi=\sqrt{3}U_LI_L\cos\varphi$$

4.5.2 对称三相电路的总无功功率

依据无功功率定义，三相电路的总无功功率为

$$Q=3U_PI_P\sin\varphi=\sqrt{3}U_LI_L\sin\varphi$$

4.5.3 对称三相电路的视在功率

由有功功率及无功功率可知，视在功率为

$$S=\sqrt{P^2+Q^2}=3U_PI_P=\sqrt{3}U_LI_L$$

同样，电路中的功率因数仍为

$$\cos\varphi=\frac{P}{S}$$

【例 4.8】 对称三相工频电路中，已知其各相电阻 $R=6\Omega$，每相电抗 $X=8\Omega$（电感性负载），线电压 $U=380\text{V}$，计算负载星形和三角形连接时的三相总有功功率 P、总无功功率 Q、总视在功率 S、功率因数 $\cos\varphi$。

解：（1）负载星形连接。

复阻抗的模值 $$|Z|=\sqrt{R^2+X^2}=10(\Omega)$$

阻抗角为 $$\varphi=\arctan\frac{X}{R}=53.1°$$

此时线相电流相同，为

$$I_L=I_P=\frac{U_P}{|Z|}=\frac{220}{10}=22(\text{A})$$

有功功率 $$P=3U_PI_P\cos\varphi=3\times220\times22\times\frac{3}{5}=8712(\text{W})$$

无功功率 $$Q=3U_PI_P\sin\varphi=3\times220\times22\times\frac{4}{5}=11616(\text{var})$$

视在功率 $$S=3U_PI_P=3\times220\times22=14520(\text{VA})$$

功率因数 $$\cos\varphi=\frac{3}{5}=0.6$$

（2）负载三角形连接。

复阻抗的模值 $$|Z|=\sqrt{R^2+X^2}=10(\Omega)$$

$$\varphi=\arctan\frac{X}{R}=53.1^{\circ}$$

线电流为

$$I_{L}=\sqrt{3}I_{P}=\sqrt{3}\times\frac{U_{L}}{|Z|}=66(A)$$

有功功率 $$P=\sqrt{3}U_{L}I_{L}\cos\varphi=\sqrt{3}\times380\times66\times\frac{3}{5}=26033(W)$$

无功功率 $$Q=\sqrt{3}U_{L}I_{L}\sin\varphi=\sqrt{3}\times380\times66\times\frac{4}{5}=34711(var)$$

视在功率 $$S=\sqrt{3}U_{L}I_{L}=\sqrt{3}\times380\times66=43388(VA)$$

功率因数 $$\cos\varphi=\frac{3}{5}=0.6$$

由［例 4.8］可看出，每相负载确定之后，三相交流电路的功率因数则已经确定。当对称三相电源的线电压不变时，对称三相负载做三角形连接时，有功功率 P、无功功率 Q、视在功率 S 均为同一负载阻抗做星形连接时的 3 倍，三相电路的总功率因数和每一相电路的功率因数相等。

4.5.4 三相电路功率因数

三相交流电路的功率因数仍由各相阻抗中电阻 R、电抗 X 的相对大小关系来确定。在工程实际使用中，绝大部分的三相用电设备都相当于感性负载，如三相异步电动机、变压器、电焊机等。这样，负载消耗有功的同时，还要消耗无功功率，电流滞后于电压，功率因数滞后，且数值较低。与单相交流电路必须提高功率因数的道理一样，三相交流电路同样必须采取措施提高功率因数。

三相交流电路改善功率因数的主要措施是采用三相电容器组并联在三相电路上，如图 4.21 所示。并联电容接在电路上产生无功功率 Q_C。原来三相用电负载的有功功率、无功功率和功率因数为 P_1、Q_1、$\cos\varphi_1$，并接电容器后，电源供给的有功功率、无功功率 P_2、Q_2，此时电路的功率因数为 $\cos\varphi_2$。显然

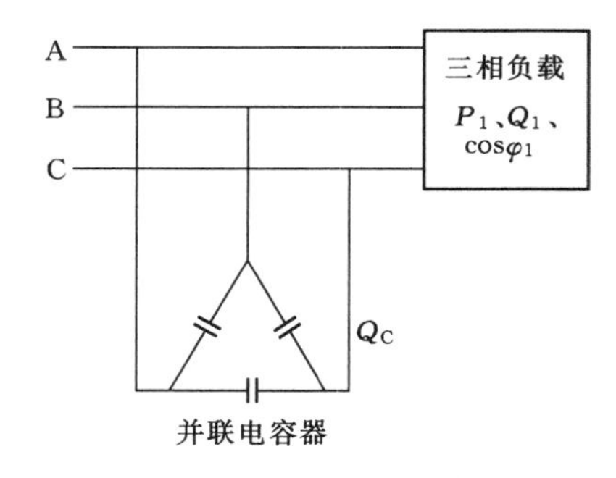

图 4.21 三相电路功率因数的提高

$$P=P_1=P_2$$

$$Q_2=Q_1-Q_C=P\tan\varphi_2$$

$$Q_1=P\tan\varphi_1$$

补偿用的三相无功功率 Q_C 的计算为

$$Q_C=Q_1-Q_2=P(\tan\varphi_1-\tan\varphi_2)$$

【例 4.9】 一台额定功率为 100kW 的三相异步电动机，接在线电压为 380V 的工频电源上。已知电动机额定功率因数为 0.8，效率为 0.89，试计算电动机的电流、无功功率。若要将电路功率因数提高到 0.95，应选用多大容量的并联电容器组？

解： 电动机的额定功率 P_2 为 100kW，是指电动机输出的机械功率，它从电路中汲取的电功率 P_1 减去电动机本身的损耗后才是输出功率 P_2，两者的比之称为效率 $\eta=\frac{P_2}{P_1}$。因

而有

$$P_1=\frac{P_2}{\eta}=\frac{100}{0.89}=112.4(\text{kW})$$

由 $P_1=\sqrt{3}U_L I_L\cos\varphi_1$，可得电机的线电流为

$$I_L=\frac{P_1}{\sqrt{3}U_L\cos\varphi_1}=\frac{112.4\times10^3}{\sqrt{3}\times380\times0.8}=213.7(\text{A})$$

则　$Q_1=\sqrt{3}U_L I_L\sin\varphi_1=\sqrt{3}\times380\times213.7\times0.6=84292(\text{var})=84.292\text{kvar}$

功率因数提高至0.95，即 $\cos\varphi_2=0.95\Rightarrow\varphi_2=\arctan0.95=18.2°$

此时

$$\begin{aligned}Q_C&=P(\tan\varphi_1-\tan\varphi_2)=Q_1-P_1\tan\varphi_2\\&=84.292-112.4\tan18.2°=47.3(\text{kvar})\end{aligned}$$

因此可选用标准容量为12kvar的三相并联容器4台，并联接在三相电路上。

习　题

4.1　什么是三相对称电源？有何特点？

4.2　三相交流电的相序是什么？如何区分？

4.3　电力供电系统中，如何理解三相四线制与三相三线制供电？相电压、线电压、相电流、线电流分别是什么？

4.4　对称三相负载与三相电源有几种连接形式？各有什么特点？

4.5　已知某对称三相电源，知其某相电压为 $u_A=220\sqrt{2}\sin(314t-10°)\text{V}$，试求 u_B、u_C、$\dot{U}_A$、$\dot{U}_B$、$\dot{U}_C$，并绘制相量图。

4.6　若将3只额定电压为220V的电灯泡按三角形连接，接通三相电源，试分析会出现什么现象？

4.7　分析在同一电源作用下，负载作星形连接时的线电压与三角形连接时的线电压不同。

4.8　负载作星形连接时，有的可采用三相三线制，有的可采用三相四线制，为什么？

4.9　试分析三相照明电路的中线断了，会产生什么后果？

4.10　三相电路的功率有哪些？负载消耗的三相功率如何计算？

4.11　一台三相交流发电机的定子三相绕组对称连接，空载时每相绕组的电压为230V，三相绕组的六个端子均已引出，但无法辨识首尾端及相号，试选择合适的方法确定各相绕组的相号及首端及尾端。

4.12　三相交流电机三角形连接，接入AC 380V的三相对称电路中，每相绕组均为 $Z=15+\text{j}10\Omega$，试求电机的相电流与线电流以及功率因数。

4.13　三相交流电机星形连接，每相绕组的额定电压有效值均为220V，额定电流均为20A，功率因数为0.8，求每相绕组的阻抗为多少？

4.14　已知三相对称负载为三角形连接，且负载为 $Z=5+\text{j}5\Omega$，负载的线电压为 $\dot{U}_{A'B'}=380\angle30°\text{V}$，求其他两相线电压、相电压、相电流、线电流并绘制相量图。

4.15　有一对称三相负载星形连接，负载阻抗为 $Z=20+j15\Omega$，若将此负载接入线电压为380V的对称三相电源上，求每一相负载的相电压、相电流、线电压、线电流，并绘制相量图。

4.16　有一对称三相负载 $Z=20+j20\Omega$ 三角形连接，接入线电压为380V的对称三相电源上，求每一相负载的相电流、线电流，并绘制相量图。

4.17　负载阻抗为 $Z=6+j8\Omega$ 的对称三相负载三角形连接，接入线电压为380V的对称三相电源上，相线阻抗为 $Z_1=4+j2\Omega$，求每一相负载的线电压、线电流，并绘制相量图。

4.18　在对称的三相三线制电路中，负载星形连接且阻抗为 $Z=4+j1\Omega$，线路阻抗为 $Z_1=8+j4\Omega$，单元的线电压为380V，求每相负载的相电流、线电压并绘制相量图。

4.19　有一台交流电机的额定线电压为380V，若正常运行时采用三角形连接，此时每相绕组的阻抗为 $16+j12\Omega$，若空载运行时每相绕组的阻抗为 $Z=54+j63\Omega$。求：(1) 正常运行时，电动机消耗的有功功率、无功功率、视在功率及功率因数；(2) 空载运行时，电动机消耗的有功功率、无功功率、视在功率及功率因数。

4.20　某三相照明电路如图4.22所示，已知线电压为380V，$R_1=R_2=1200\Omega$，日光灯的功率因数为0.48，额定功率25W，求各相线电流、电路所消耗的总有功功率、无功功率和视在功率。

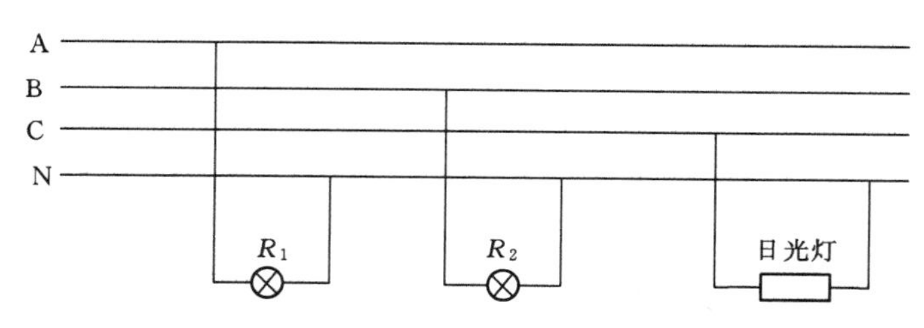

图4.22　题4.20图

4.21　已知三相四线制电路中，三相负载分别为 $R_A=R_B=10\Omega$、$R_C=20\Omega$，已知有一组为电阻性负载，对称三相电源的线电压为380V，若忽略电源内阻抗、线路阻抗和中线阻抗，求负载相电流及中线电流；若中线断开时，求各相负载的相电压及相电流。

4.22　对称负载 $Z=20\angle 40°\Omega$ 三角形连接，接入线电压为380V的对称三相电源上，求：(1) A相负载短路时的相电流及线电流；(2) A相端线开路时各相电流、线电流及相电压。

4.23　三相对称负载三角形连接，线电流 $I_L=5A$，有功功率为7800W，功率因数为0.8，求电源的线电压 U_L、每相负载阻抗、视在功率及无功功率。

4.24　对称三相负载星形连接，其中 $\dot{I}_A=10\angle 35°A$，$\dot{U}_{AB}=380\angle 75°V$，求相电压 $\dot{U}_A$、$\dot{U}_B$、$\dot{U}_C$，负载阻抗 Z，功率因数及总功率 P。

4.25　已知三角形连接的对称三相负载，线电流为10A，总功率为3200W，功率因数为0.6，求线电压 U_L、负载相电流 I_L、无功功率 Q 及每相阻抗 Z。

4.26　已知有一三相变压器的电压为12000V，电流为30A，功率因数为0.848，试求

该变压器的有功功率、无功功率及视在功率。

4.27　已知对称三相负载星形连接接入星形连接的对称三相电源上，且线电压为380V，每相负载阻抗为 $Z=40\angle 55°\Omega$，输电线路阻抗为 $Z_L=4+j2\Omega$，试求三相负载的线电压、相电压及相电流。

第5章 磁 路 分 析

学习目标：

（1）掌握磁路的基本概念。

（2）了解磁场对载流导体的作用。

（3）了解起始磁化曲线，磁滞回线，基本磁化曲线。

（4）掌握磁路的基本定律，了解电磁感应定律及其应用。

（5）了解自感现象及互感现象。

5.1 磁路的基本概念

磁与电的关系紧密，电与磁在特定条件下是能够相互转化的。

5.1.1 磁体的基本概念

5.1.1.1 磁体

在实际生活中，将具有磁性的物体统称为磁体。磁体的分类方式有很多种，如：从原料上可分为：天然磁石（如四氧化三铁）、人造磁铁（通常用钢生产，也叫磁钢）。从磁性可持续性上可分为：永磁体（磁化后，可长期保有磁性）、暂时磁体（磁性短暂，当磁铁移开后磁性就消失）。从形状上可分为：条形、针形、蹄形、圆环形等。

现在常见的各种磁体几乎都是人造的。如图5.1所示，磁体两端磁性最强的区域叫做磁极。任何磁体都有两个磁极，而且无论怎样分割磁体，它总是保持两个磁极：北极符号为N（North）、南极符号为S（South）。

图5.1 磁体的外形

5.1.1.2 磁铁的产生

与电一样，磁也是肉眼看不到、触摸不到的。可是磁的影响却处处存在。

磁铁很容易被制造，用途也相当广泛。

根据电磁感应原理，很强的电流可以产生很强的磁场。可以利用强磁场将铁磁物质磁化，又由于不同的物质的磁化特性不一样，有些物质易磁化，而且不易掉磁（失去磁性），能较长时间的保有磁性，从而被做成磁铁。

并不是所有的钢都可以被制成磁铁，不锈钢不能充当磁铁。拿磁铁摩擦螺丝起子的金属部分，从一端到另一端，反复摩擦，就可以制造出一根具有磁性的螺丝起子。

5.1.1.3 *磁场与磁感线*

在磁体周围存在磁力作用的空间，称为磁场。在磁场中某一点放一个能自由转动的小磁针，静止时N极所指的方向，规定为该点的磁场方向。

磁感线是人们假象出来的线，在磁场中可以利用磁感线来形象地表示各点的磁场方向。磁感线就是在磁场中画出一些曲线，在这些曲线上，**每一点的切线方向就是该点的磁场方向。**如图5.2所示，为条形磁铁与蹄形磁铁的磁感线分布图。

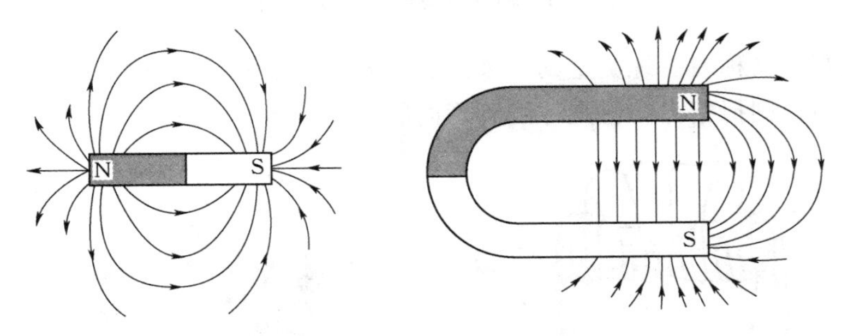

图5.2 磁感线分布图

由图5.2可知磁感线具有以下特征：

(1) 磁感线是互相不交叉的闭合曲线。在磁体外部由N极指向S极，在磁体内部由S极指向N极。

(2) 磁感线上任意一点的切线方向，就是该点的磁场方向。

(3) 磁感线的疏密程度反映了磁场的强弱。磁感线越密，表示磁场越强，磁感线越疏表示磁场越弱。

5.1.1.4 *电流的磁场*

在一根金属铁钉上绕上导线，导线通电后，铁钉能够吸起金属物体。这种现象表明导体通电后能够形成磁场。

电与磁存在密不可分的联系。如图5.3所示。

法国科学家安培确定了通电导体周围的磁场方向，并用磁感线进行了描述：

(1) 通电直导线的磁场。

通电直导线产生磁场的说明及判断方法：通电直导线周围磁场的磁力线是以导线上各点为圆心的同心圆，这些同心圆都在与导线垂直的平面上。如图5.4所示。

磁力线的方向与电流方向之间的关系可用安培定则（又称右手螺旋定则）来判断。即用右手握住通电直导线，拇指指向电流方向，则四指环绕的方向就是磁力线的方向。

(2) 通电螺线管的磁场。

通电螺线管一端相当于N极，另一端相当于S极，磁力线是一些穿过线圈横截面的闭合曲线。磁力线的方向与电流方向之间的关系也

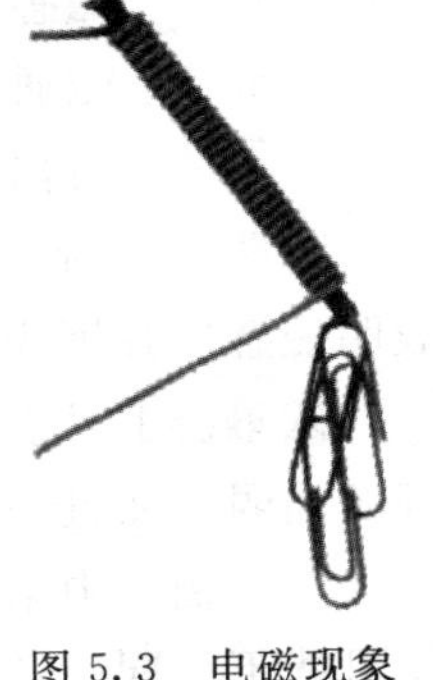

图5.3 电磁现象

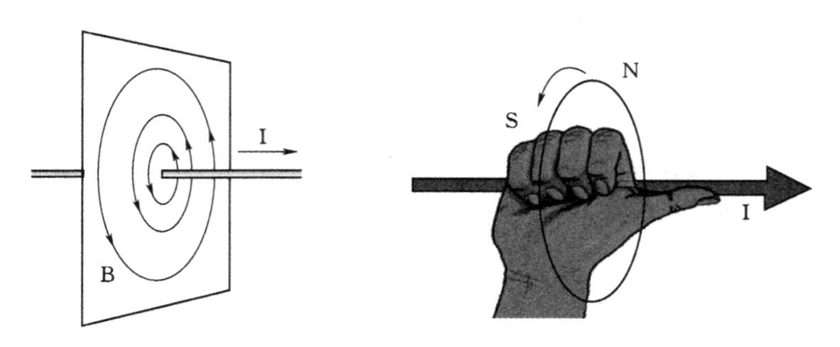

图 5.4 通电直导线的磁场及判断

可以用安培定则（又称右手螺旋定则）来判定。即用右手握住通电螺线管，弯曲的四指指向线圈电流方向，则拇指方向就是螺线管管内的磁场方向。如图 5.5 所示。

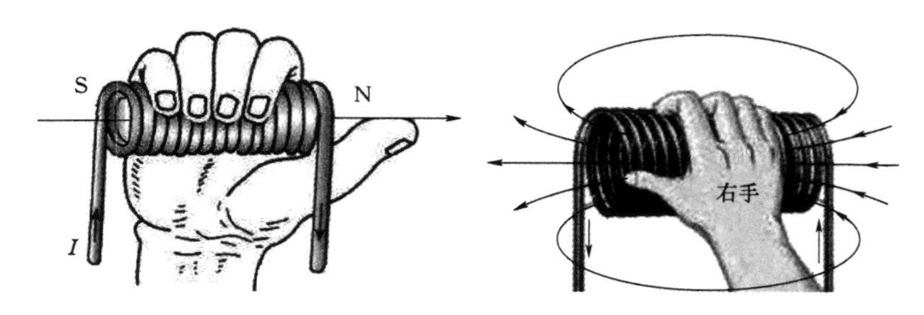

图 5.5 通电螺旋管的磁场及判断

5.1.2 磁场的基本物理量

5.1.2.1 磁通和磁感应强度

磁通是通过某一截面积 S 的磁力线总数，叫做通过该面积的磁通量，简称磁通。磁通用来定量描述磁场在一定面积上的分布情况。磁通用 Φ 表示，单位为韦伯，简称韦，用符号 Wb 表示。当面积一定时，通过该面积的磁通越大，磁场越强。

垂直通过单位面积的磁力线的多少，叫做该点的磁感应强度。磁感应强度用来表述磁场中各点的强弱和方向，用字母 B 表示。

在均匀磁场中，磁感应强度可表示为

$$B=\frac{\Phi}{S}$$

式中 B——磁感应强度，T；

Φ——磁通，Wb；

S——面积，m^2。

如图 5.6 所示，B 与 S 平面垂直时，$\Phi=BS$。当 B 与 S 存在夹角 θ 时，$\Phi=BS\sin\theta$。表明磁感应强度 B 等于单位面积的磁通量。所以，磁感应强度也叫磁通密度。

磁感线上某点的切线方向就是该点磁感应强度的方向。磁感应强度不但表示了某点磁场的强弱，而且还能表示出该点磁场的方向。

对于磁场中某一固定点来说，磁感应强度 B 是个常数，而对磁场中位置不同的各点，B 可能不相同。若磁场中各点的磁感应强度的大小和方向相同，这种磁场就称为均匀磁

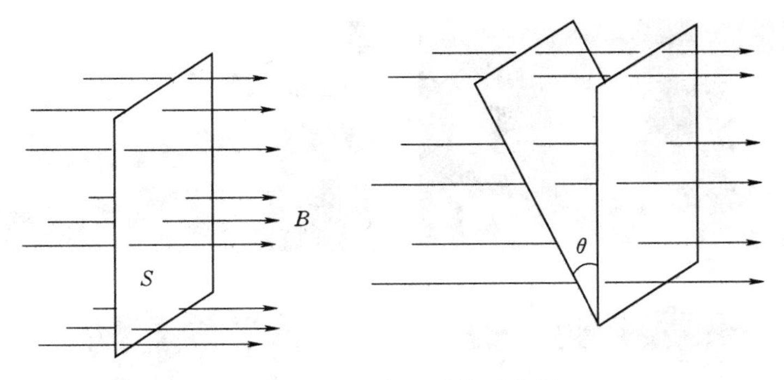

图 5.6 截面与磁感线示意图

场。在均匀磁场中，磁力线是等距离的平行线。

为了在平面上表示出磁感应强度的方向，通常用“×”（相当于箭尾）或“·”（相当于箭头）表示垂直进入直面或垂直从直面出来的磁力线或磁感应强度。

5.1.2.2 *磁导率和磁场强度*

磁导率就是一个用来表示介质磁性能的物理量，用字母 μ 表示，其单位名称是亨利每米，简称亨每米，用符号 H/m 表示。由实验测得真空中的磁导率 $\mu_0=4\pi\times10^{-7}$ H/m，为一常数。自然界只有少数物质对磁场有明显的影响。为了衡量介质对磁场的影响，把任一物质的磁导率与真空磁导率的比值称为相对磁导率，用 μ_r 表示，即

$$\mu_r=\frac{\mu}{\mu_0}$$

相对磁导率只是一个比值。它表明在其他条件相同的情况下，介质中的磁感应强度是真空磁感应强度的多少倍。根据磁导率的大小，可把物质分成三类：

（1）顺磁物质，$\mu_r>1$，如空气、铝、铬、铂等。

（2）反磁物质，$\mu_r<1$，如氢、铜等。

（3）铁磁物质，如铁、钴、镍、硅钢、坡莫合金、铁氧体等，其相对磁导率 μ_r 远大于 1，可达几百甚至数万以上，且不是一个常数。铁磁物质被广泛应用于电工技术及计算机技术等方面，如变压器用的硅钢片等，如图 5.7 所示为变压器上所使用的铁磁物质。

磁场强度：磁场中某点的磁感应强度 B 与介质磁导率 μ 的比值，叫做该点的磁场强度，用 H 表示，即

$$H=\frac{B}{\mu}$$

磁场强度的单位名称为安培每米，简称安每米，用符号 A/m 表示。

磁场强度的数值只与电流的大小及导体的形状有关，而与磁场介质的磁导率无关。也就是说，在一定电流下，同一点的磁场强度不因磁场介质的不同而改变，这给工程计算带来很大方便。磁场强度是矢量，在均匀媒体介质中，它的方向和磁感应强度的方向一致。

图 5.7 铁磁物质在变压器上的应用

5.2 磁场的基本作用及电磁感应定律

5.2.1 磁场对载流直导体的作用

如图 5.8 所示，在两磁极之间放一根直线导体，并使导体垂直于磁力线。当导体中未通电流时，导体不会运动。如果接通电源，使导体按图 5.8 所示方向流过电流时，导体在力的作用下立即会产生运动。若改变导体电流的方向或磁极极性，则导体会向相反方向运动。载流导体在磁场中所受的作用力叫做电磁力，用 F 表示。电磁力 F 的大小与导体电流大小成正比，与导体在磁场中的有效长度 l 及载流导体所在位置的磁感应强度 B 成正比，即

$$F=BIl$$

当导体垂直于磁感应强度的方向放置时，导体受到的电磁力最大，与其平行放置时不受力。若直导体与磁感应强度方向成 α 角时，如图 5.9 所示，则导体与 B 垂直方向的投影 l_L 为导体的有效长度，即 $l_L=l\sin\alpha$，导体所受的电磁力 $F=BIl$，即

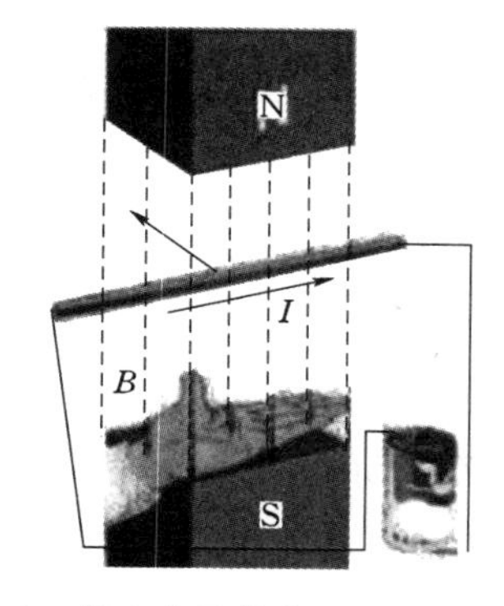

图 5.8 载流直导体在磁场中受力情况

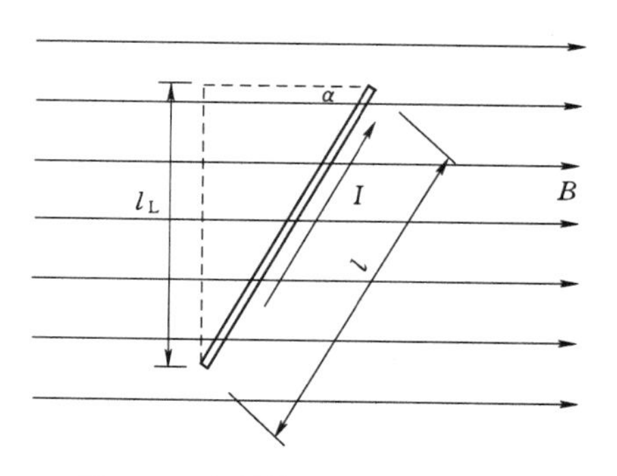

图 5.9 直导体与 B 方向成 α 角

$$F = BIl\sin\alpha$$

此刻载流直导体在磁场中的受力方向，可用左手定则判别。将左手伸平，拇指与四指垂直在一个平面上，让磁力线垂直穿过手心，四指指向电流方向，则拇指指向就是导体的受力方向。

若电流方向与磁力线方向不是垂直的，则可将电流 I 的垂直分量分解出来，然后再用左手定则来判断导体所受作用力的方向。

5.2.2 磁场对通电矩形线圈的作用

如图 5.10 所示，在均匀磁场中放置一通电矩形线圈 abcd，当线圈平面与磁力线平行时，由于 ad 边和 bc 边与磁力线平行而不受磁场的作用力，但 ab 边和 cd 边因与磁力线垂直将受到磁场的作用力 F_1 和 F_2，受到作用力的两个边叫有效边。两条有效边所受到的作用力不仅大小相等而且根据左手定则可知，受力方向正好相反，因而构成一对力偶，将使线圈绕轴线做顺时针方向转动。

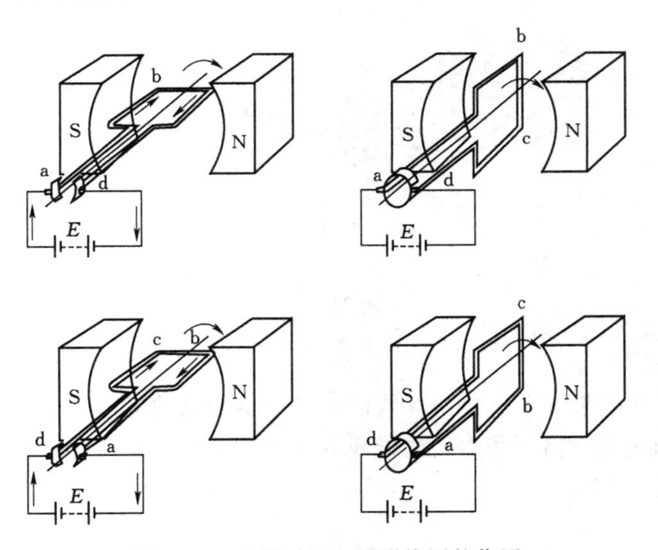

图 5.10 磁场对通电矩形线圈的作用

5.2.3 法拉第电磁感应定律

5.2.3.1 感应电动势

若导体或线圈构成封闭回路，其中会有电流流过。由于磁通变化而在导体或线圈中产生感应电动势的现象，称为电磁感应。由电磁感应产生的电动势称为感应电动势或感生电动势用 e 表示。

所谓感生，就是放置在磁场中的导线没动，而磁场发生变化产生的电动势。磁场变化使导线中产生电动势称为感应电动势。

线圈中感应电动势的大小与穿越该线圈的磁通变化率成正比。这一规律叫做法拉第电磁感应定律。如图 5.11 所示，单匝线圈中产生的感应电动势的大小为

$$e = \left|\frac{\Delta\phi}{\Delta t}\right|$$

对于 N 匝线圈，其感应电动势为

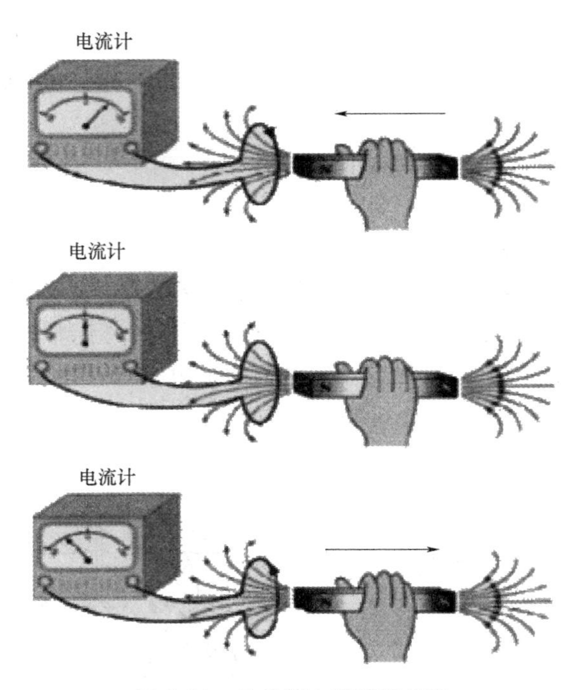

图 5.11 法拉第电磁感应定律

$$e = N\left|\frac{\Delta\phi}{\Delta t}\right|$$

5.2.3.2 动生电动势

动生电动势，顾名思义，就是由导线的运动产生的电动势。其微观机理是导线中的电子随着导线的运动而受到洛伦茨力，向导线的一端运动，从而使导线两端产生电势差，即动生电动势。如图 5.12 所示。

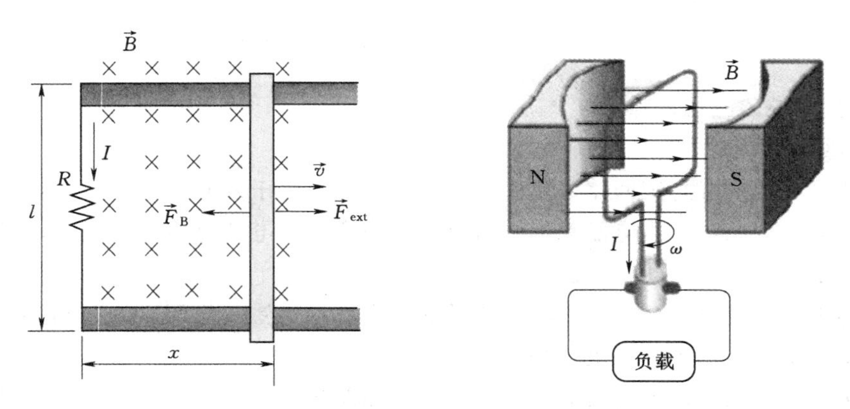

图 5.12 直导体切割磁力线的动生电动势

无论是动生还是感生，只要导线处在闭合回路中，电动势就会产生电流，称为感应电流。

5.2.4 感应电流（电动势）的方向

5.2.4.1 直导体中的感应电流方向判断——右手定则

伸开右手，使拇指与其余四指垂直，且在同一平面内，如图 5.13 所示。让磁力线垂直从手心进入，拇指指向导体运动方向，其余四指所指的方向就是感应电流的方向（也为感应电动势的方向）。

5.2.4.2 线圈中的感应电流方向——楞次定律

楞次定律：线圈中感应电动势的方向，总是使相应电流产生的磁通，阻碍原有磁通的变化，如图 5.14 所示。

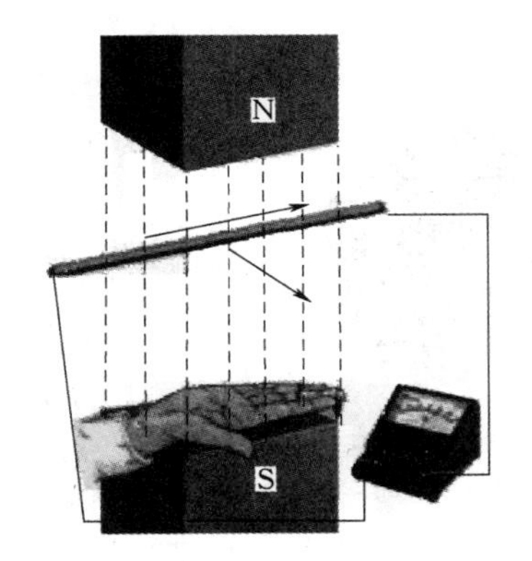

图 5.13 右手定则

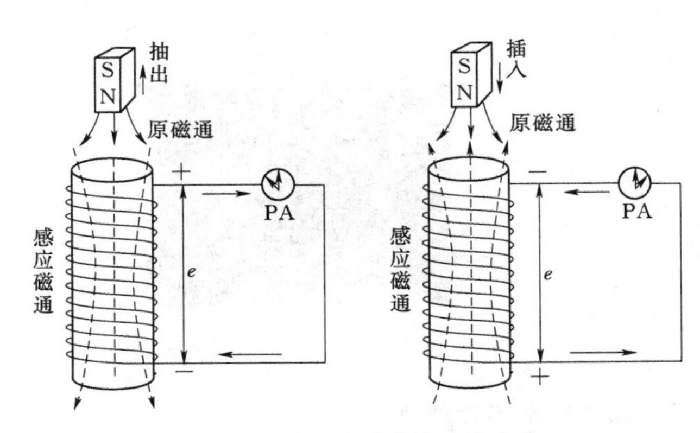

图 5.14 线圈中感应电流的方向

判定方法：

(1) 首先确定原磁通的方向及变化的趋势（磁铁插入原磁通增加，反之减少）。

(2) 根据楞次定律确定感应磁通方向。如果原磁通的趋势是增加，则感应磁通与原磁通方向相反；反之，与原磁通方向相同。

(3) 根据感应磁通方向，应用安培定则（右手螺旋定则）判断线圈中感应电流的方向，即感应电动势的方向。应该注意的是：判断时必须把产生感应电动势的线圈或导体看做电源。e 的极性如图 5.14 所示。

5.3 磁路与磁路定律

5.3.1 磁路

通过铁磁材料把绝大部分的磁力线约束在一定的闭合路径上，这种集中磁感线（磁通）所经过的闭合路径称为磁路。实际应用时，为了获得较强的磁场，常利用铁磁材料按照电气结构的要求而做成各种形状的铁芯，从而使磁通形成各自所需要的磁路。磁路也可能含有空气间隙和其他的物质。如图 5.15 所示是几种电气设备中的磁路、图 5.16 是磁路在电气设备中的应用。由于铁磁材料的磁导率 μ 远大于空气磁导率，所以磁通主要沿铁芯而闭合，只有很少一部分磁通经过空气或其他材料，形成漏磁通。漏磁通很小，一般情况下可以忽略不计。磁路按其结构可分为无分支磁路和分支磁路两类。

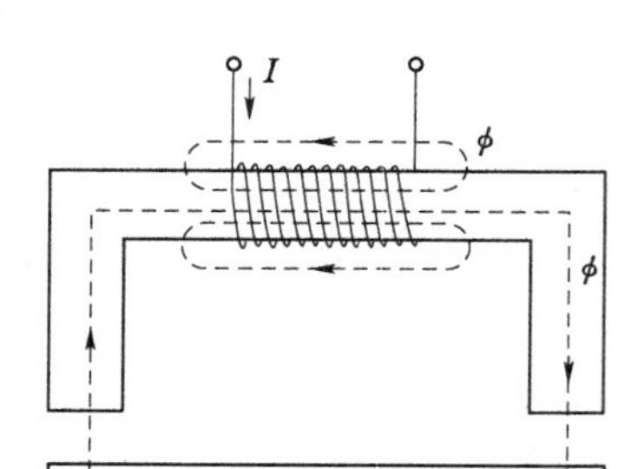

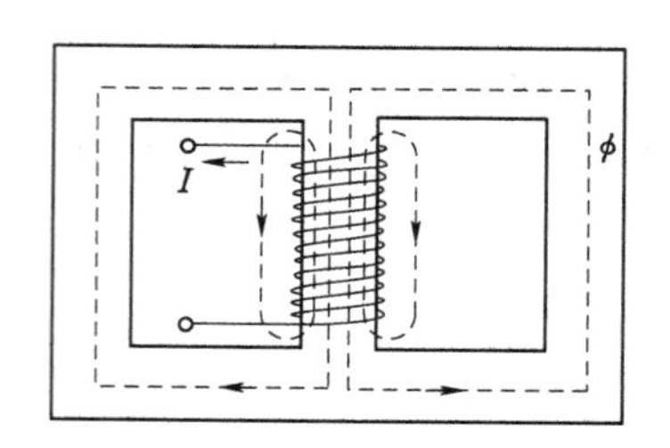

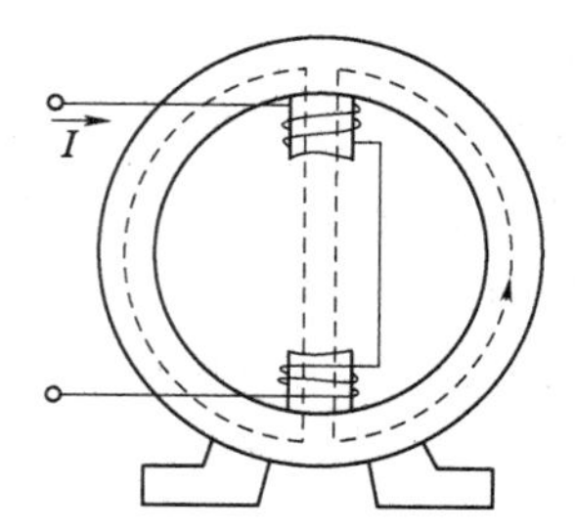

图 5.15 磁路

图 5.16 磁路的实际应用

5.3.2 磁路的基本物理量

5.3.2.1 磁通势（磁动势）F_m

磁路中磁通势是用来提供磁通的。某一线圈匝数 N 与流过线圈的电流 i 的乘积 Ni 为磁通势，用 F_m 来表示，其方向可由右手定则判定，国际制单位与电流单位相同，为安培（A）。

$$F_m = Ni$$

5.3.2.2 磁阻 R_m

反映磁通在磁路中受到阻碍的参数称为磁阻，用 R_m 表示，数学定义为磁通势 F_m 与磁通 Φ 的比值，单位为安培/韦伯（A/Wb）。

$$R_m = \frac{F_m}{\Phi}$$

对于同一种材料而言，磁阻只与其本身几何形状有关，即磁阻与材料的长度 l 成正比，与材料的横截面积 S 与磁导率 μ 乘积成反比，即

$$R_m = \frac{l}{\mu S}$$

式中长度单位为 m，横截面积单位为 m^2，磁导率单位为 H/m、磁阻单位为 H^{-1}。

5.3.2.3 磁位差（磁压降）U_m

由于磁路中磁阻的存在，磁通会受到阻碍，每一段磁路的磁通势都会降低，磁路中定义使磁动势产生降低的量叫磁压降用 U_m 表示，数学定义为磁场强度 H 与磁路长度 l 的乘积，单位与磁动势一样，都是安培（A）。

$$U_m = Hl$$

5.3.3 磁路的基尔霍夫第一定律

对于磁路中的任意节点而言，任一时刻穿过该节点的磁通的代数和为零。即

$$\sum \Phi = 0$$

这就是磁路的基尔霍夫第一定律，也称节点定律。

如图 5.17 所示磁路中的闭合面来说，磁通的参考方向已知，将图中各条磁通支路的连接点称为磁路的节点，如图中 a、b 两点。

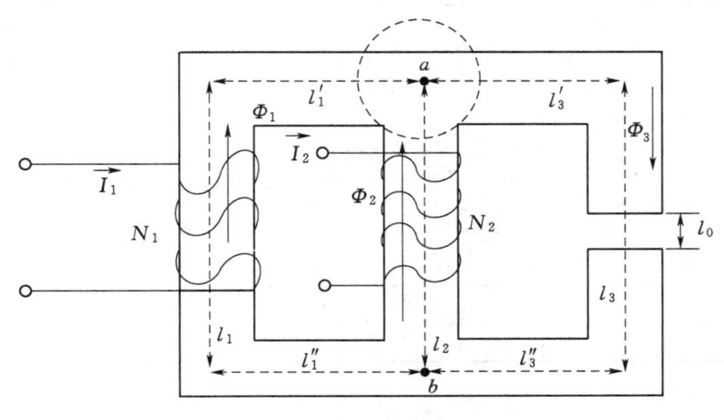

图 5.17　磁路的基尔霍夫定律

对于图 5.17 虚线框中闭合面 a 而言，按照节点定律，有

$$\Phi_1 + \Phi_2 - \Phi_3 = 0$$

依据磁通连续性定理，对于磁路中的任一闭合面，任一时刻，穿入的磁通之和等于穿出的磁通之和。亦可写为

$$\Phi_1 + \Phi_2 = \Phi_3$$

5.3.4 磁路的基尔霍夫第二定律

我们将磁路中任何一个闭合的路径称为回路，如图 5.17 所示，回路 l_1、l_2、l_3，不管回路是否为均匀磁路，均存在如下定理，磁路中任一闭合路径在任一时刻，沿该闭合路径中的所有磁动势之和等于该闭合路径中各段磁压降之和。即各段磁压降的代数和等于各磁动势的代数和。

$$\sum F_{\mathrm{m}} = \sum U_{\mathrm{m}} \text{ 或 } \sum Hl = \sum Ni$$

同回路电压定律一样，磁动势与磁压降的符号应由是否与回路绕行方向一致来定，如绕行一致，则取“+”；反之，取“－”。此定律称为磁路的基尔霍夫第二定律。如图 5.17 所示，选择顺时针方向为绕行方向，可得磁路的基尔霍夫第二定律方程：

$$H_1 l_1 + H_1' l_1' + H_1'' l_1'' + H_3 l_3 + H_3' l_3' + H_3'' l_3'' = I_1 N_1$$

5.3.5 磁路的欧姆定律

若励磁绕组匝数为 N，绕组中的电流为 i，铁芯的截面积为 S，磁路的平均长度为 l，则磁路欧姆定律：

$$\Phi = \frac{F_{\mathrm{m}}}{R_{\mathrm{m}}} = \frac{Ni}{R_{\mathrm{m}}}$$

磁阻为 $$R_m=\frac{l}{\mu S}$$

磁动势是产生磁通的磁源，它相当于电路中的电动势。

由此，可知磁路与电路有很多相似的定理和相似的定义方法，见表5.1。

表5.1 **磁路与电路相似性比较**

比较类别	电　路	磁　路
物理量	1. 电流 I 2. 电压 U 3. 电阻 R 4. 电动势 E 5. 电阻率 ρ	1. 磁通量 Φ 2. 磁压降 U_m 3. 磁阻 R_m 4. 磁动势 F_m 5. 磁导率 μ
基尔霍夫第一定律	$\sum i=0$	$\sum \Phi=0$
基尔霍夫第二定律	$\sum U=0$	$\sum F_m=\sum U_m$
欧姆定律	$I=\frac{U}{R}$	$\Phi=\frac{F_m}{R_m}$

5.4 铁磁物质的磁化

我们将铁磁物质（如铁、钴、镍及其合金）置于磁场中，由于其极强的导磁能力，使得原磁场增强的现象就称为铁磁物质的磁化。磁化是铁磁物质特有的现象。

5.4.1 磁化原理

铁磁物质磁化主要是由铁磁物质内部存在可被磁化的区域——磁畴，每个磁畴的体积很小，但磁性比较强，未被磁化时，磁畴的分布是不规则的，则各磁畴间磁场方向会相反，从而磁场相互抵消，对外不显示磁性，如图5.18（a）所示。

当铁磁物质被放入磁场中时，内部磁畴方向与外磁场方向一致，就会形成与外部磁场方向相同的附加磁场。从而加强了磁感应强度，铁磁物质此时就被磁化了。如图5.18（b）所示。

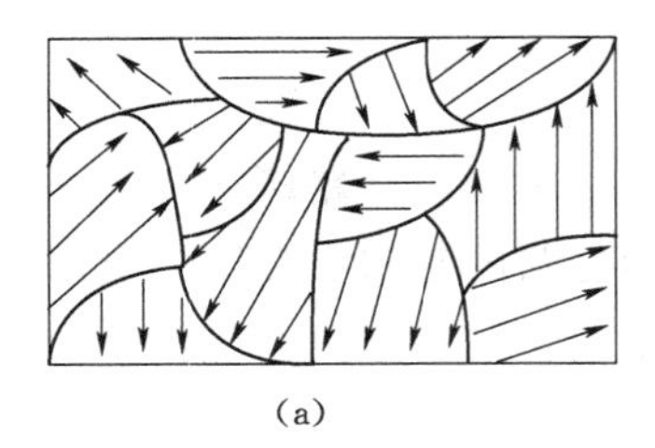

(a)

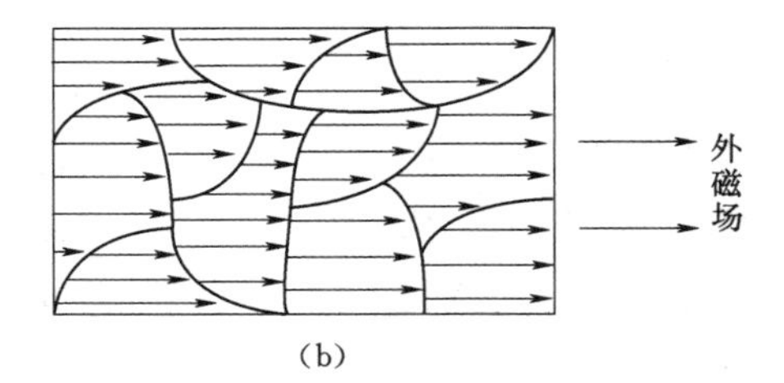

(b)

图5.18 铁磁物质的磁化

当磁畴已全部转向外磁场方向，外加磁场继续增强时，附加磁场不再增大，此时达到磁饱和。

非铁磁物质内部没有磁畴，所以不能够被磁化。

5.4.2 磁化曲线

铁磁物质置于磁场中，表示其磁感应强度 B 随着外部磁场强度 H 的变化而变化的曲线，称为磁化曲线，也称为 $B-H$ 曲线。

铁磁物质的磁化曲线是非线性的。当外加磁场逐渐增大时，此时的铁磁物质开始被磁化，如图 5.19 所示称为起始磁化曲线。

(1) oa 段，随着 H 的增大，B 逐渐增加，幅度较小，磁畴的转向较小。

(2) ab 段，此时 B 会随着 H 的增大迅速增大，铁磁物质内部磁畴普遍大幅度转向，形成附加磁场。

(3) bc 段，随着 H 增大 B 增大放缓，此时铁磁物质内部大部分磁畴均已完成转向，附加磁场增速减缓，增幅下降。

(4) c 点以后，随着 H 的增大，B 几乎不变，是因为已经达到磁饱和阶段。

5.4.3 磁滞回线

如图 5.20 所示为铁磁材料在反复磁化过程中的 $B-H$ 曲线，称为磁滞回线。

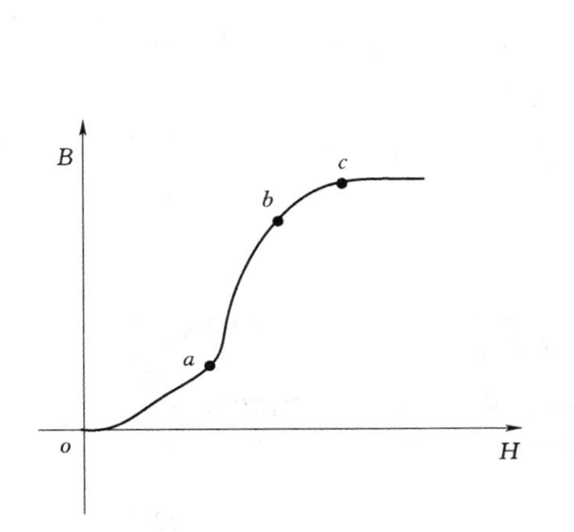

图 5.19 铁磁物质的磁化曲线

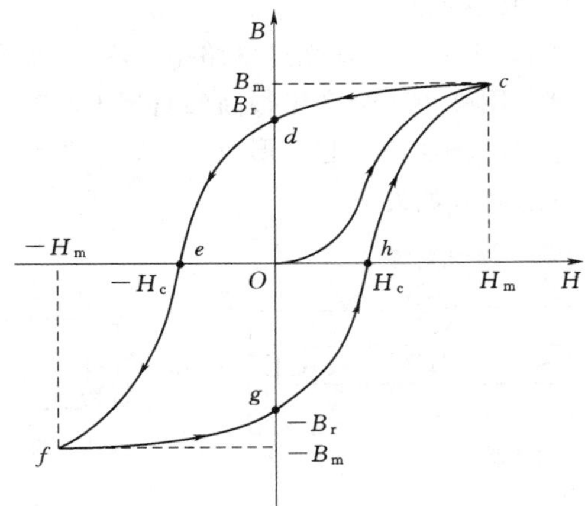

图 5.20 铁磁材料的磁滞回线

由图 5.20 可知当铁磁物质达到磁饱和点时，发现附加磁场的磁感应强度达到最大值 B_m，此时若减小外磁场强度 H，B 也随之减少。但是并非沿着原磁 $B-H$ 减小，而是沿着 cd 段路径减少，当 H 减少至零时，此时 $B=B_r$，将 B_r 称为剩磁。这种现象称为磁滞现象。继续向该铁磁物质外部加上反向磁场时，当 $H=-H_C$ 时，$B=0$，剩磁消除完毕。将消除剩磁所需的反向磁场强度 H_C 称为矫顽力。继续增大反向 H 至 $-H_m$，此时达到反向磁感应强度最大值（ef 段）。再反向使 H 到 0，到达剩磁 $-B_r$（fg 段），H 增至 H_m，消除反向剩磁（gh 段）。这样就得到了闭合曲线（磁滞回线）。

5.4.4 铁磁材料的分类

按材料的导磁性能可分为软磁材料、硬磁材料和矩磁材料。

(1) 软磁材料。软磁材料的磁导率较高，易磁化，易去磁，剩磁与矫顽力较小，磁滞回线狭窄，但软磁材料易饱和。一般认为 $H_C<10^3\ \mathrm{A/m}$ 的材料都是软磁材料，常见的软磁材料有纯铁、铸铁、铸钢、硅钢、坡莫合金、铁氧体等。电气设备中的变压器、电机和

电工设备中的铁芯都采用硅钢片制成；收音机接受线圈的磁棒、中频变压器的磁芯等用的材料都是软磁材料。

(2) 硬磁材料。硬磁材料磁导率较小，不易磁化，不易去磁，剩磁与矫顽力较大，磁滞回线较宽。一般将 $H_C>10^4\mathrm{A/m}$ 的材料称为硬磁材料，常见的硬磁材料有碳钢、钨钢、钴钢及镍钴合金等。硬磁材料适宜作永久磁铁，许多电工设备如磁电式仪表、扬声器、受话器等都是用硬磁材料制成的。

(3) 矩磁材料。矩磁材料在较弱的磁场作用下也能磁化并达到饱和，其剩磁很大，矫顽磁力较小。当外磁场去掉后，磁性仍保持饱和状态。因其磁滞回线近似为矩形，将此种材料称为矩磁材料。常用来作记忆元件，如计算机存储器的磁芯、磁带、磁盘等。

5.5 自感和互感

5.5.1 自感

5.5.1.1 自感现象

如图 5.21 所示，日光灯电路中，在启动器接通后断开瞬间，电路突然断开。由于镇流器电流急剧减小，会产生很高的自感电动势，方向与电源电动势方向相同，这个自感电动势与电源电压加在一起，形成一个瞬时高压，填充在灯管中的气体开始放电，日光灯成为电流的通路开始发光。

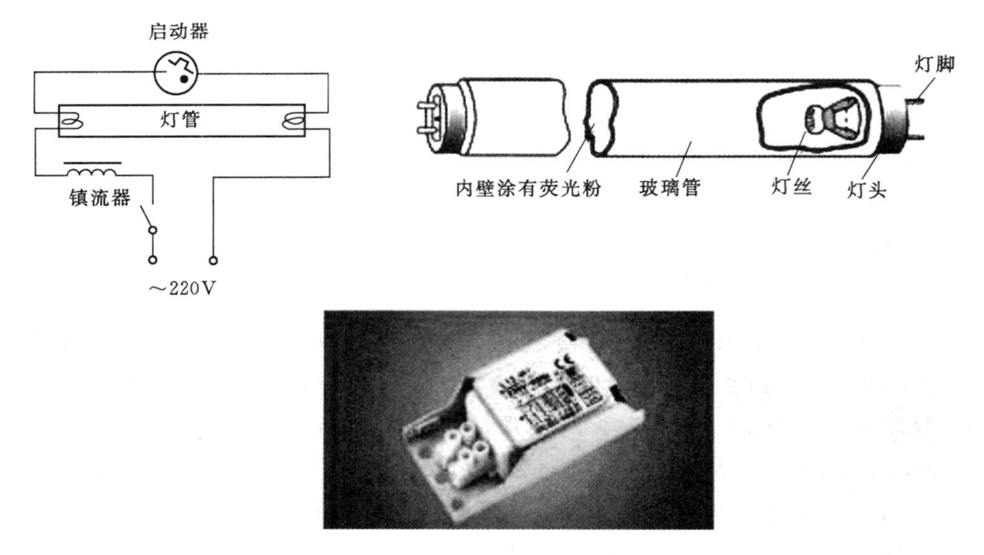

图 5.21 日光灯电路与电感镇流器

由于流过线圈本身的电流发生变化而引起的电磁感应现象叫做自感现象或自感应，简称自感。自感现象产生的感应电动势叫做自感电动势。

线圈的自感系数跟线圈的形状、长短、匝数等因素有关。线圈面积越大、线圈越长、单位长度匝数越密，它的自感系数就越大。另外，有铁芯时线圈的自感系数比没有铁芯时大的多。线圈中通过单位电流所产生的自感磁链 Ψ（磁通与线圈的交链）叫做自感系数，

也叫做电感量，简称电感，用字母 L 表示，即

$$L=\frac{\Psi}{I}=\frac{N\Phi}{I}$$

$$\Psi=N\Phi$$

式中 Ψ——自感磁链，为整个线圈具有的磁通；

Φ——磁通；

I——电流。

将磁路欧姆定律 $\Phi=\frac{F_m}{R_m}$代入上式，可得

$$L=\frac{N\Phi}{I}=\frac{NF_m}{IR_m}$$

代入 $F_m=NI$、$R_m=\frac{l}{\mu S}$可得

$$L=\frac{N^2 I}{I\frac{l}{\mu S}}=\frac{\mu N^2 S}{l}$$

自感系数的单位是亨利，简称亨，符号是 H。如果通过线圈的电流在 1s 内改变 1A 时产生的自感电动势是 1V，这个线圈的自感系数就是 1H。常用较小的单位有毫亨和微亨。

由此可知，自感系数虽然是由线圈磁链和流过的电流定义的，若忽略线圈磁路的饱和，自感系数实际上与线圈工作状态无关。

5.5.1.2 自感电动势

依据电磁感应现象，可定义为

$$e=-N\frac{\mathrm{d}\Phi}{\mathrm{d}t}=-\frac{\mathrm{d}\Psi}{\mathrm{d}t}=-L\frac{\mathrm{d}i}{\mathrm{d}t}$$

式中 “－”代表自感电动势的方向总是阻碍磁链的变化。

（1）自感电动势的方向：自感电动势总是阻碍导体中原来电流的变化。当电流增大时，自感电动势与原来电流方向相反；当电流减小时，自感电动势的方向与原来电流方向相同。“阻碍”不是“阻止”，“阻碍”其实是“延缓”，使回路中的电流变化得缓慢一些。

（2）自感电动势的大小：由导体本身及通过导体的电流改变快慢程度共同决定。在恒定电流电路中，只有在通、断电的瞬间才会发生自感现象。

5.5.2 互感

5.5.2.1 互感现象

当一只线圈中的电流发生变化时，在临近的另一只线圈中产生感应电动势，叫做互感现象，如图 5.22 所示。

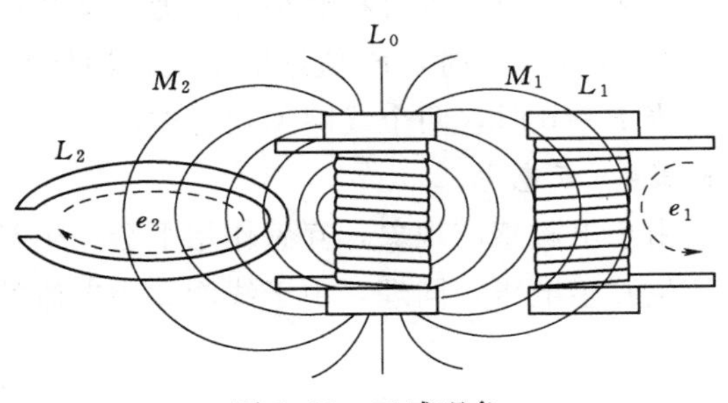

图 5.22 互感现象

如果有两只线圈互相靠近，则其中第一只线圈中电流所产生的磁通有一部分与第二只线圈相环链。当第一只线圈中电流发生变化时，则其与第二只线圈环链的磁

通也发生变化，在第二只线圈中产生感应电动势。这种现象叫做互感现象。

5.5.2.2 互感系数

两个回路之间相互作用的系数称为互感，单位也是 H。

如图 5.22 所示电路中，当第 1 只线圈中通过电流时，线圈 1 中就会产生自感磁通，而其中一部分磁通同时也会穿过线圈 2。同理线圈 2 中通以电流后同样会产生自感磁通，部分磁通也会穿过线圈 1，此时就会有两个线圈的磁通相交的现象，称为磁耦合现象，互相交叉的磁通称为互感磁通。

设线圈 1 的自感磁通为 Φ_{11}、互感磁通为 Φ_{12}；此时产生的自感磁链为 $\Psi_{11}=N_1\Phi_{11}$、互感磁链为 $\Psi_{12}=N_1\Phi_{12}$。

设线圈 2 的自感磁通为 Φ_{22}、互感磁通为 Φ_{21}；此时产生的自感磁链为 $\Psi_{22}=N_2\Phi_{22}$，互感磁链为 $\Psi_{21}=N_2\Phi_{21}$。则互感系数定义为

$$M_{21}=\frac{\Psi_{21}}{i_1} \quad M_{12}=\frac{\Psi_{12}}{i_2}$$

M_{21}称为线圈 1 对线圈 2 的互感系数，M_{12}称为线圈 1 对线圈 2 的互感系数。

在实际过程中，由于互感互易的性质，两个互感系数是相同的，即

$$M_{21}=M_{12}=M$$

$$M=M_{21}=M_{12}=\frac{N_1N_2\mu S}{l}$$

式中 S——耦合磁路的截面积；

l——耦合磁路的长度；

μ——磁路线圈的磁导率。

用 M 表示互感系数，互感系数是线圈的固有参数，由两个线圈自身的匝数、材料、相对位置等有关。

5.5.2.3 耦合系数

工程上用 K 描述两线圈耦合的紧密程度，即耦合系数。用公式表示如下：

$$K=\frac{M}{\sqrt{L_1L_2}}$$

当 $K=1$ 时，耦合程度最高，为全耦合；

当 $0<K<1$ 时，K 值逐渐增大，耦合程度逐渐增大；

当 $K=0$ 时，两个线圈无耦合作用。

5.5.2.4 互感电压

由于电磁感应现象，互感作用下会产生互感电压。线圈 1 中电流的变化，在线圈 2 中会产生互感电压，同理，由于线圈 2 中电流的变化在线圈 1 中也会产生互感电压，分别为

$$u_{21}=M\frac{\mathrm{d}i_1}{\mathrm{d}t}$$

$$u_{12}=M\frac{\mathrm{d}i_2}{\mathrm{d}t}$$

互感电压的方向取决于电流的变化率。

5.5.2.5　同名端

具有磁耦合的两线圈之间的一对端子，当都从这一对端子流入（或流出）电流时，产生的自感磁链与互感磁链方向相同时，称这一对端子为同名端。

如图 5.23 所示，常用“*”或“·”来表示同名端。

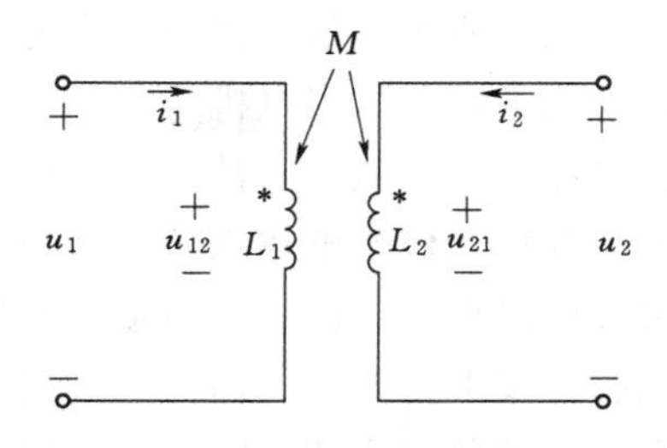

图 5.23　磁耦合电感元件的同名端

5.6 涡　流

导体在磁场中运动，或者导体静止但有随时间变化的磁场，或者两种情况同时出现，都可以造成磁力线与导体的相对切割。按照电磁感应定律，在导体中就产生感应电动势，从而产生电流。这样引起的电流在导体中的分布随着导体的表面形状和磁通的分布而不同，其路径往往有如水中的漩涡，因此称为涡流。如图 5.24 所示。

导体在非均匀磁场中移动或处在随时间变化的磁场中时，因涡流而导致能量损耗称为涡流损耗。涡流损耗的大小与磁场的变化方式、导体的运动、导体的几何形状、导体的磁导率和电导率等因素有关。

强大的涡流在金属内流动时会释放出大量的焦耳热，工业上就利用这种热效应制成高频感应电炉来冶炼金属。高频感应电炉的结构原理如图 5.25。在坩埚外缘的线圈通以大功率高频交变电流时，线圈内就会激发很强的高频交变磁场，这时放在坩埚内的被冶炼的金属因电磁感应而产生强大的涡流，释放出大量的焦耳热，结果使金属自身熔化。这种冶炼方法的独到之处就是能够实现真空无接触加热，把金属和坩埚等放在真空室加热，既可以使金属不受污染，又避免了金属在高温下氧化；此外，由于是在金属内部各处同时加热，而不是使热量从外面传递进去，因此加热的效率高，速度快。高频感应电炉已广泛用于冶炼特种钢、难熔或活泼性较强的金属，以及提纯半导体材料等生产活动中。

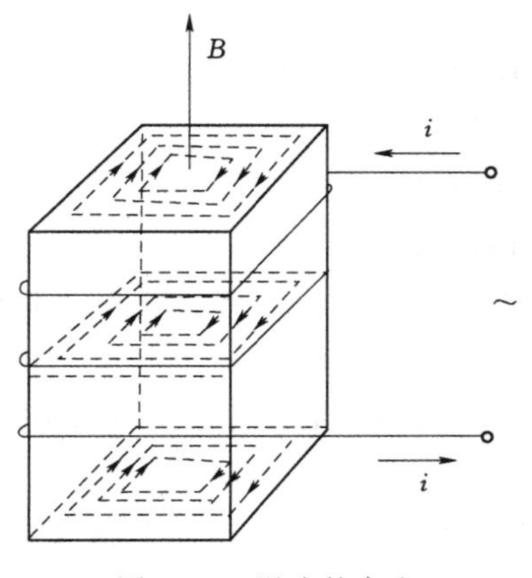

图 5.24　涡流的产生

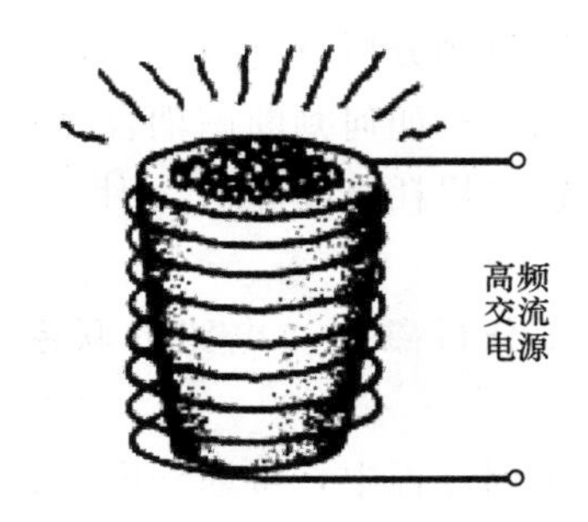

图 5.25　高频感应电炉结构原理图

涡流所产生的热在某些情境下非常有害。在电机和变压器中，为了增大磁感应强度，都采用了铁芯，当电机或变压器的线圈中通过交变电流时，铁芯中将产生很大的涡流，不仅损耗大量的能量，甚至还可能烧毁这些设备。为了减小涡流及其损失，通常采用叠合起来的硅钢片代替整块铁芯，并使硅钢片平面与磁感应线平行。若铁芯是整块的，对于涡流来说电阻很小，因涡流而损耗的焦耳热就很大；若铁芯用硅钢片制作，并且硅钢片平面与磁感应线平行，一方面由于硅钢片本身的电阻率较大，另一方面各片之间涂有绝缘漆或附有天然的绝缘氧化层，把涡流限制在各薄片内，使涡流大为减小，从而减少了电能的损耗。

习 题

5.1 磁路是什么？与电路比较，有什么区别？

5.2 磁场的基本物理量有哪些？如何判断磁场的强度？

5.3 简述如何判断电流产生的磁场方向？

5.4 简述铁磁物质被磁化的过程。

5.5 试分析电路的电阻与磁路磁阻的异同点。

5.6 什么是铁磁材料？铁磁材料分为几种？叙述各种铁磁材料的用途。

5.7 磁路的基本定律有哪些？请详述其定义。

5.8 已知一环形线圈，长度为25cm，匝数为1000匝，若通以电流为2.5A，若介质为空气时，线圈中的磁感应强度为多少？介质变为软钢时（$\mu_r=2180$）时，线圈中的磁感应强度又为多少？

5.9 叙述电磁感应定律的内容，并举例说明其应用有哪些？

5.10 已知一长度为20cm环形铁芯，横截面积为4cm²，铁芯上绕有1000匝的线圈。若给线圈加上一0.5A的直流电流，测得此时线圈中磁通为0.005Wb，求此时铁芯线圈的磁阻与磁导率分别为多少？

5.11 已知一15W的日光灯电磁式镇流器的铁芯横截面积为4cm²，工作时工频电压为150V，若此时铁芯中的磁感应强度的最大值为0.8T，求线圈的匝数（忽略线圈电阻及漏磁通）。

5.12 试分析软磁材料与硬磁材料的磁滞回线的区别？

5.13 什么是自感与互感？试分析两者的区别。

5.14 试举例分析自感与互感在工程中有哪些应用？

5.15 试分析如何判断磁耦合电感元件的同名端？

5.16 铁芯损耗有哪些？为什么会产生这些损耗？工程上如何减小或避免产生这些损耗？

5.17 试分析磁路与电路的联系，实际工程中，磁路与电路共同作用下的应用有哪些？

5.18 实训过程中，常遇到电机、变压器，试利用所学知识简要分析这两种常用设备的工作过程。

附录A 常用基本电工工具

实训中常用的电工工具有：钢丝钳、尖嘴钳、斜口钳、剥线钳、螺丝刀、试电笔、电工刀、电烙铁等。正确使用电工工具，是安全用电的重要环节，下面介绍常用电工工具及其使用。

A.1 钢丝钳

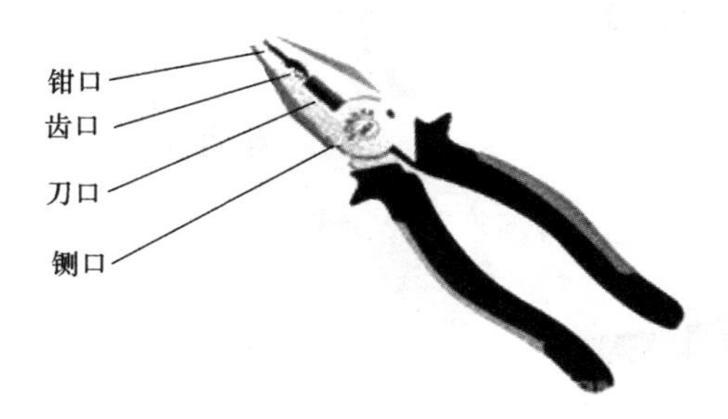

图 A.1 钢丝钳

钢丝钳是一种钳夹和剪切的工具。钢丝钳由钳头、钳柄和绝缘管三部分组成。钳头又分钳口、齿口、刀口及铡口四部分。其中钳口：可用来夹持物件；齿口：可用来紧固或拧松螺母；刀口：可用来剪切电线、铁丝，也可用来剖切软电线的橡皮或塑料绝缘层；铡口：可以用来切断电线、钢丝等较硬的金属线。但切勿用刀口去钳断钢丝，以免损伤刀口。

使用钢丝钳一般用右手。要使钳口朝内侧，便于控制钳切部位；用小指伸在两钳柄中间用以抵住钳柄，张开钳头，灵活操作。

进行带电剪切前，一定要检查绝缘管有无破损，以免手握钳柄触电。

在带电剪切导线时，不得用刀口同时剪切不同电位的两根线（如相线与零线、相线与相线等），以免发生短路事故。不可将钢丝钳当锤使用，以免刃口错位、转动轴失圆，影响正常使用。

A.2 尖嘴钳

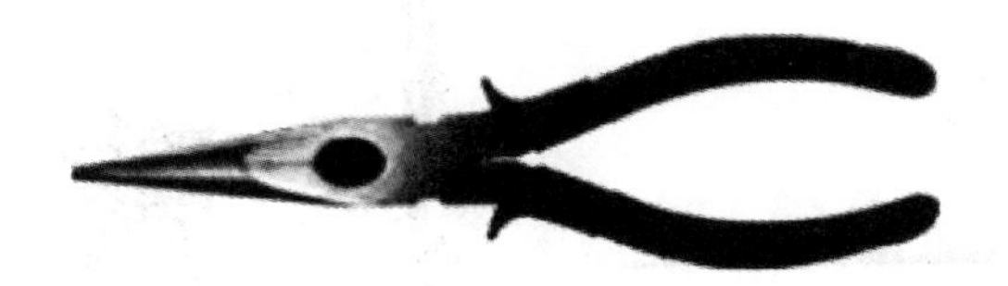

图 A.2 尖嘴钳

尖嘴钳是电工（尤其是内线电工）常用的工具之一。尖嘴钳主要用来剪切线径较细的单股与多股线，以及给单股导线接头弯圈、剥塑料绝缘层。尖嘴钳也可用来夹取小零件如

（螺钉、螺帽、垫圈、导线）等，特别适用于狭小的工作区域。尖嘴钳规格有130mm、160mm、180mm等三种。电工用的尖嘴钳带有绝缘导管。有的尖嘴钳不带有刀口。

使用尖嘴钳带电作业时，应检查其绝缘是否良好。在作业时，金属部分不要触及人体或邻近的带电体。

A.3 斜口钳

斜口钳专用于剪断各种电线电缆。对粗细不同、硬度不同的材料，应选用大小合适的斜口钳。

A.4 剥线钳

图A.3 斜口钳　　　　图A.4 剥线钳

剥线钳是专用于剥削较细小导线绝缘层的工具。

使用剥线钳剥削导线绝缘层时，先将要剥削的绝缘长度用标尺定好，然后将导线放入相应的刃口中（比导线直径稍大），再用手将钳柄一握，导线的绝缘层即被剥离。

A.5 螺丝刀

螺丝刀也称为螺钉旋具、改锥、起子。螺丝刀用来紧固或拆卸螺钉，是最常用的电工工具，螺丝刀由刀头和柄组成。刀头形状有一字形和十字形两种，分别用于旋动头部为横槽或十字形槽的螺钉。螺丝刀的规格是指金属杆的长度，主要有75mm、100mm、125mm、150mm等几种。使用时，手紧握柄，用力顶住，使刀紧压在螺钉上，以顺时针的方向旋转为上紧，逆时针为下卸。

螺丝刀较大时，除大拇指、食指和中指要夹住握柄外，手掌还要顶住柄的末端以防施转时滑脱。

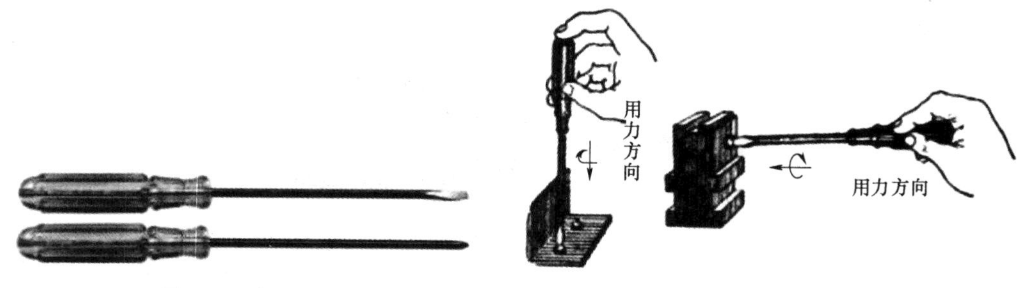

图A.5 螺丝刀　　　　图A.6 正确使用螺丝刀

螺丝刀较小时，用大拇指和中指夹着握柄，同时用食指顶住柄的末端用力旋动。

螺丝刀较长时，用右手压紧手柄并转动，同时左手握住起子的中间部分（不可放在螺钉周围，以免将手划伤），以防止起子滑脱。

注意事项：

（1）带电作业时，手不可触及螺丝刀的金属杆，以免发生触电事故。

（2）不应使用金属杆直通握柄顶部的螺丝刀。

（3）为防止金属杆触到人体或邻近带电体，金属杆应套上绝缘管。

A.6 试电笔

试电笔属低压验电器，是检验导线、电器是否带电的一种常用工具。试电笔可检测电压范围为50～500V。试电笔有钢笔式、旋具式和组合式等多种。试电笔由笔尖、降压电阻、氖管、弹簧、笔尾金属体等部分组成。

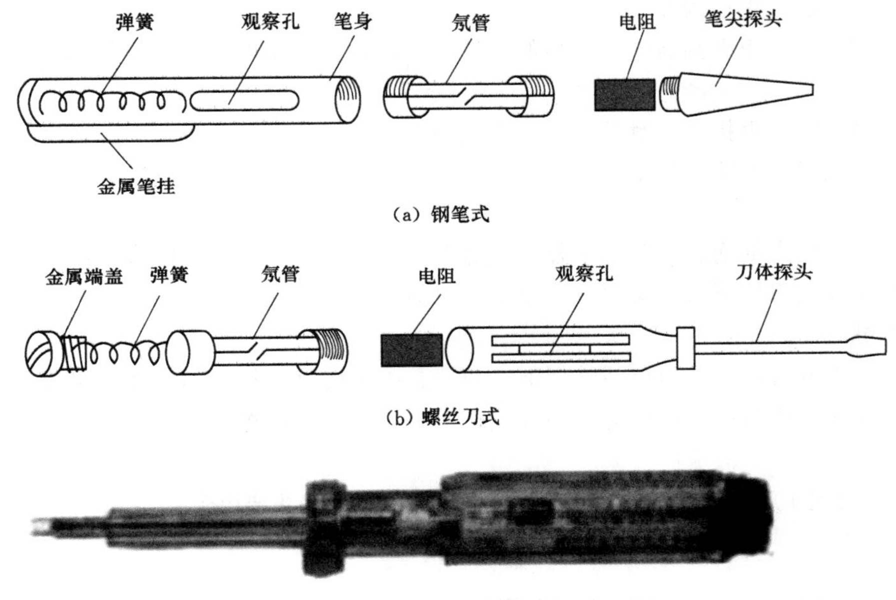

图 A.7 试电笔构造

使用试电笔时，必须按照图 A.8 所示的握法操作。注意手指必须接触笔尾的金属体（钢笔式）或测电笔顶部的金属螺钉（螺丝刀式）。这样，只要带电体与大地之间的电位差超过50V时，电笔中的氖泡就会发光。

试电笔的使用方法和注意事项：

（1）使用前，先要在有电的导体上检查试电笔是否正常发光，检验其可靠性。

（2）在明亮的光线下往往不容易看清氖泡的辉光，应注意避光。

（3）试电笔的笔尖虽与螺钉旋具形状相同，但它只能承受很小的扭矩，不能像螺钉旋具那样使用，否则会损坏。

（4）试电笔可以用来区分相线和零线，氖泡发亮的是相线，不亮的是零线。试电笔也可用来判别接地故障。如果在三相四线制电路中发生单相接地故障，用电笔测试中性线时，氖泡会发亮；在三相三线制线路中，用电笔测试三根相线，如果两相很亮，另一相不

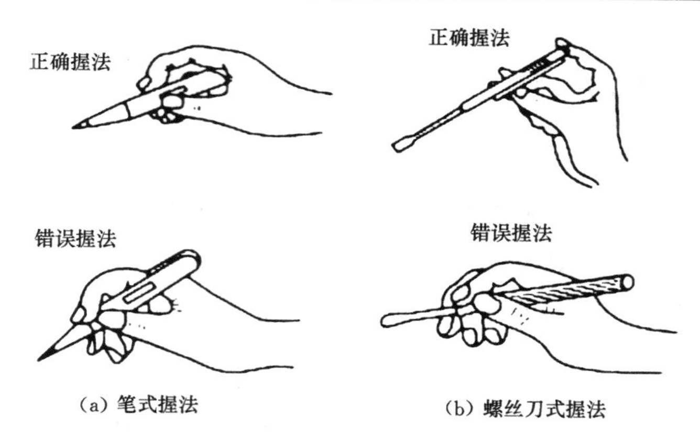

(a) 笔式握法　　(b) 螺丝刀式握法

图 A.8 试电笔的使用

亮，则这相可能有接地故障。

(5) 试电笔可用来判断电压的高低。氖泡越暗，则表明电压越低；氖泡越亮，则表明电压越高。

(6) 验电时，手指必须触及试电笔笔尾的金属体，否则带电体也会误判为非带电体。

(7) 验电时，要防止手指触及试电笔笔尖的金属部分，以免造成触电事故。

A.7 电工刀

电工刀是用来剖削和切割电工器材的常用工具。电工刀在使用时，刀口应朝外剖削，使用完毕随即把刀口折入刀柄内。由于电工刀的刀柄不绝缘，因此电工刀不能进行带电作业，以免触电。

使用电工刀时，应将刀口朝外剖削，并注意避免伤及手指；剖削导线绝缘层时，应使刀面与导线成较小的锐角，以免割伤导线；使用完毕，随即将刀身折进刀柄。

A.8 电烙铁

电烙铁是电子产品制作和电器维修必不可少的主要工具，主要用途是焊接电器元件及导线。

图 A.9 电工刀　　图 A.10 电烙铁

A.8.1 电烙铁及辅料

电烙铁分为内热式和外热式两种。

内热式的电烙铁体积较小，而且价格便宜。一般电子制作都用 20～30W 的内热式电烙铁。内热式的电烙铁发热效率较高，而且更换烙铁头也较方便。

外热式就是指“在外面发热”，发热电阻在电烙铁的外面。它既适合于焊接大型的元器件，也适用于焊接小型的元器件。由于发热电阻丝在烙铁头的外面，有大部分的热散发

到外部空间，所以加热效率低，加热速度较缓慢。一般要预热6～7分钟才能焊接。大功率的电烙铁通常是外热式的。

电烙铁焊接是利用高温时焊料融化并将金属连接在一起的一种方法，是电子产品生产中必须掌握的一种基本操作技能。

使用电烙铁焊接时，除了需要电烙铁之外，还需要焊料、焊剂和阻焊剂等辅助材料。

（1）焊料：是一种熔点低于被焊金属的材料，在被焊金属不熔化的条件下，能润湿被焊金属表面，并在接触面处形成合金层的物质。最常用的焊料称为锡铅合金焊料（又称焊锡），它具有熔点低、机械强度高、抗腐蚀性能好的特点。

（2）焊剂（助焊剂）：是进行锡铅焊接的辅助材料。焊剂的作用是去除被焊金属表面的氧化物，防止焊接时被焊金属和焊料再次出现氧化，并降低焊料表面的张力，有助于焊接。

（3）阻焊剂：是一种耐高温的涂料，其作用是保护印制电路板上不需要焊接的部位。

A.8.2 电烙铁的使用及握持方法

（1）电烙铁的使用。方法如下：

1）电烙铁在使用之前必须先蘸上一层锡。

2）要养成使用烙铁架的习惯。烙铁架一般放置在工作台右前方，**电烙铁用后一定要稳妥放置在烙铁架上。**电烙铁通电后温度高达250℃以上，不用时应放在烙铁架上，但较长时间不用时应切断电源，防止高温“烧死”烙铁头（被氧化）。要防止电烙铁烫坏其他元器件，尤其是电源线，若其绝缘层被烙铁烧坏而不注意，便容易引发安全事故。

3）焊接时间不宜过长，否则容易烫坏元件，必要时可用镊子夹住管脚帮助散热。

4）焊点应呈正弦波峰形状，表面应光亮圆滑，无锡刺，锡量适中。

5）不要猛力敲打电烙铁，以免震断电烙铁内部电热丝或引线而产生故障。

6）电烙铁使用一段时间后，可能在电烙铁头部留有锡垢，在烙铁加热的条件下，可以用湿布轻擦。

（2）电烙铁的握持方法如下：

反握法：适合于较大功率的电烙铁（>75W）对大焊点的焊接操作。

正握法：适用于中功率的电烙铁及带弯头的电烙铁的操作，或直烙铁头在大型机架上的焊接。

笔握法：适用于小功率的电烙铁焊接印制板上的元器件。学生在实训过程中，主要采用这种方法。

（3）焊锡的拿法：焊锡丝一般有两种拿法，如图A.12所示。

(a) 反握法

(b) 正握法

(c) 笔握法

图A.11 电烙铁的握持方法

(a) 连续焊接时

(b) 断续焊接时

图A.12 焊锡丝的拿法

A.8.3 焊接操作五步法

(1) 准备施焊：准备好焊锡丝和烙铁。此时特别强调的是烙铁头部要保持干净，即可以沾上焊锡（俗称吃锡）。

(2) 加热焊件：将烙铁接触焊接点，注意首先要保证烙铁加热焊件的各部分，例如印制板上引线和焊盘都使之受热。

(3) 熔化焊料：当焊件加热到能熔化焊料的温度后将焊丝置于焊点，焊料开始熔化并润湿焊点。

(4) 移开焊锡：当熔化一定量的焊锡后将焊锡丝移开。

(5) 移开烙铁：当焊锡完全润湿焊点后移开烙铁，移开烙铁的方向应该是大致 45°的方向。

上述过程，对一般焊点而言大约 2～3s。对于热容量较小的焊点，例如印制电路板上的小焊盘，有时用三步概括操作方法，即将上述步骤（2）、（3）合为一步，步骤（4）、（5）合为一步。实际上细微区分还是五步，所以五步法有普遍性，是掌握手工烙铁焊接的基本方法。各步骤之间停留的时间，对保证焊接质量至关重要，只有通过实践才能逐步掌握。

A.8.4 焊接操作过程中的注意事项

(1) 对焊点的质量要求：电气接触良好、机械强度可靠、外形美观。

(2) 焊点的常见缺陷：虚焊（假焊）、拉尖、桥接、球焊、印制板铜箔起翘及焊盘脱落、导线焊接不当等，见图 A.13。

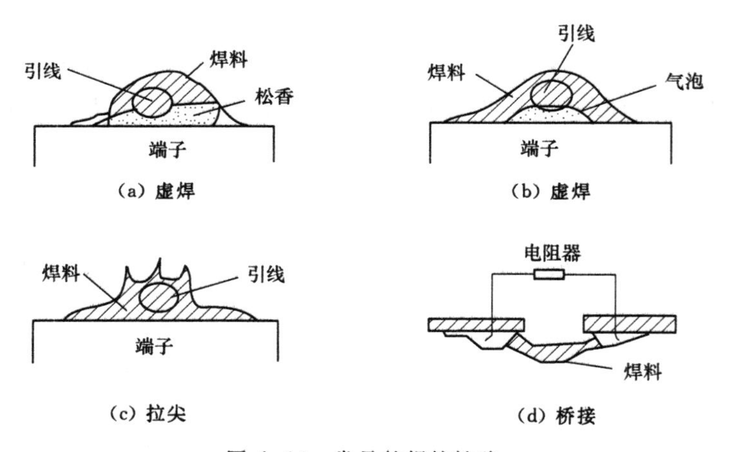

图 A.13 常见的焊接缺陷

附录B　荧光灯电路的安装与检测

B.1　实训目的

通过安装荧光灯，使学生熟悉镇流器（电感）、电容器、启辉器等器件在荧光灯电路中的作用，熟悉荧光灯的工作原理，熟悉荧光灯的接线。知道为什么有时候镇流器会发出声音。

B.2　原理

电源接通后，220V交流电经过镇流器，在镇流器自感的作用下产生约600V的高压，加在灯管上，灯管无反映，但并联在灯管另一边的启动器（启辉器）通过灯丝得到了600V的高压电，由于启动器内部的氖泡承受不了600V的高压，击穿氖泡里的氖气，而发出红光，并发出热量，氖泡里的双金属片受热弯曲并伸展，双金属片上的活动触极碰到静触极，触极接触后，氖泡处于短路状态。短路后，灯管的灯丝在短路的作用下导通并通电、发光、发热。由于氖泡内短路，氖泡两端不再有电压，不久，氖泡里的双金属片冷却而收缩，触极断开。由于启动器内部的氖泡里的触点断开，所以灯管两端的灯丝得不到电压而停止发光发热。由于灯丝发热使灯管内部的水银蒸气加热，在启动器断开的同时，灯管里的水银蒸汽在热力和600V高压的作用下，导通发光。发光后的灯管两端电压急骤下降到110V左右。灯管在110V交流电的供应下，稳定地工作。

启动器由于电压降到了110V，内部的氖泡无法导通发光，所以，启动器不再动作。到此，日光灯的启动过程完成。如果一次未能启动灯管的话，启动器将反复的通断，直到灯管正常工作为止。

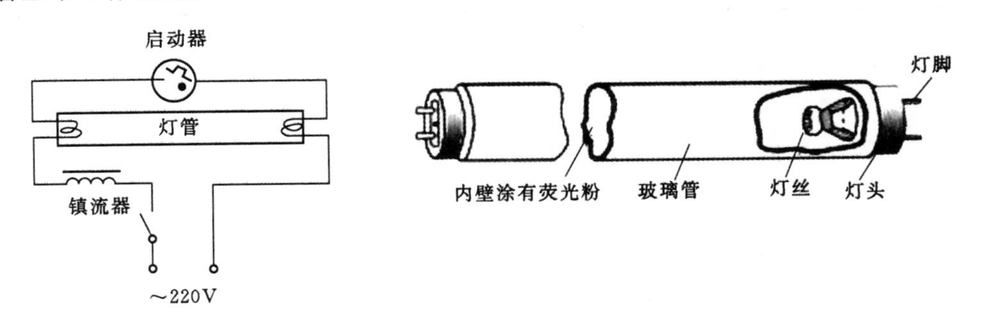

图B.1　荧光灯实训原理图

电感镇流器由线圈、端盖、T型硅钢片、V型硅钢片、接线柱、底板等组成。镇流器是绕在铁芯上的线圈，自感系数很大。线圈的作用是产生自感电动势。

在通电的情况下，因线圈存在一定的电阻，会产生电能损耗。产生的热能使电感镇流器温度上升，加快镇流器的老化，这是我们所不希望的。为了降低线圈中的电阻，线圈采用纯度高的电解铜漆包线。

整块导体处在变化着的磁场中，将在整块导体内部形成涡流，它将引起电能的消耗，温度的上升。在电感镇流器中，为了增强磁感应强度，都加入铁芯，但由于涡流的存在，必须用很薄的彼此绝缘的硅钢片叠压组成铁芯，而不用整块铁芯，以减少涡流所带来的损耗。

B.3　荧光灯电压测试

荧光灯安装完成并通电正常后，用万用表交流电压挡测量荧光灯接线中各元件电压值。测量前应将电压挡调至1000V，以防烧坏万用表。如果测试过程中所测试电压小于各挡位电压，可将交流挡位调至相应挡位上，提高测量精度。将测试结果填入表B.1中。

表B.1　　荧光灯电压测试

测量部位	输入电压	镇流器两端电压	启动器两端电压
电压值/V			

B.4　荧光灯故障检测

如果荧光灯使用的是电子镇流器，可先把灯管取下，用万用表分别量两端灯丝的电阻，如果灯管只有两头亮，则是灯管老化或启辉器坏。如果灯管不亮，则先检查灯管。分别测量两端灯丝电阻，阻值很大说明断丝，若只有几欧姆电阻则是镇流器的问题。测镇流器电阻，阻值很大说明镇流器开路或烧毁。有时也需要排除线路故障，仔细检查电线是否断了。启辉器座和灯座也要排查，看弹片弹性和位置。

对实训任务中所安装好的荧光灯出现的具体问题进行排查，做相应的维修，并认真填写表B.2。

表B.2　　荧光灯故障检测

故障现象	检修方法	维修效果

参 考 文 献

[1] 邱燕雷，姜惠英. 电路基础 [M]. 北京：中国水利水电出版社，2013.
[2] 沙莎，王树清. 电工基础 [M]. 北京：中国水利水电出版社，2015.
[3] 邱关源，罗先觉. 电路 [M]. 第5版. 北京：高等教育出版社，2006.
[4] 李文森，孙晓燕. 电工基础 [M]. 北京：北京理工大学出版社，2012.
[5] 王世才. 电工基础 [M]. 北京：中国电力出版社，2011.
[6] 王生春. 电路原理 [M]. 重庆：重庆大学出版社，2001.